图说
南果北移
设施栽培技术

杜玉虎　张振东　张力飞　编著

化学工业出版社

·北京·

内容简介

本书主要介绍了南方果树在北方设施中栽培的发展历程、应用特点和注意事项，重点对无花果、桑葚、阳桃、火龙果、枇杷、番石榴、番木瓜和西番莲八个树种的生长结果习性和管理技术要点进行了介绍。本书内容融入了我国最近几年南果北移相关的新成果、新品种、新观念和有效技术措施，并附200余幅高清彩色图片，以期推动我国南果北移产业健康、有序发展。

本书适于广大果树生产者、农技推广人员、农业采摘园和农业观光旅游相关的家庭农场、合作社、企事业单位等使用，也可供农林院校师生参考阅读。

图书在版编目（CIP）数据

图说南果北移设施栽培技术/杜玉虎，张振东，张力飞编著 . —北京：化学工业出版社，2023.7

ISBN 978-7-122-43376-3

Ⅰ.①图… Ⅱ.①杜… ②张… ③张… Ⅲ.①果树园艺-设施农业-新技术-图解 Ⅳ.①S628-64

中国国家版本馆CIP数据核字（2023）第074960号

责任编辑：孙高洁 刘 军　　文字编辑：李 雪
责任校对：宋 夏　　　　　　装帧设计：关 飞

出版发行 化学工业出版社
　　　　（北京市东城区青年湖南街13号　邮政编码100011）
印　　装 盛大（天津）印刷有限公司
880mm×1230mm　1/32　印张5½　字数159千字
2023年8月北京第1版第1次印刷

购书咨询：010-64518888　　　售后服务：010-64518899
网　　址：http://www.cip.com.cn
凡购买本书，如有缺损质量问题，本社销售中心负责调换。

定　　价：39.80元　　　　　　版权所有　违者必究

前言

　　南果北移作为科研项目和产业发展重点之一，从20世纪末至今已有20余年的发展历程。以生产商品果并附加观光旅游、科普教育等为目的的南果北移项目，已经遍布我国整个北方地区，成为许多北方地区尤其是城市周边设施农业的一个行业新亮点。在促进就业、农业观光旅游发展、农业产业供给侧结构性调整、农民增收等方面发挥着积极作用。

　　绝对意义上的南方果树在北方寒冷地区设施中栽培面积已经超过5000亩，相对意义上的南果北移应用面积更大，并成为一些地区的农业支柱型产业。南果北移项目，逐渐成了农业观光采摘园，即农业旅游的主选项目或必要组成，占有举足轻重的位置。基于南果北移产业的不断优化发展，目前迫切需要及时归纳总结相关经验技术，并对产业发展提出积极的建议，以推进南果北移产业健康有序发展，进一步提升果品产值、产业链附加值及服务意识。

　　本书围绕南果北移，突出实用技术，总结了开展南果北移研究推广工作的经验，融入了近年来各地的新技术、新成果。全书共分九章，第一章主要概述了南果北移的发展过程、应用特点和注意事项等，第二章至第九章分别介绍了无花果、桑葚、阳桃、火龙果、枇杷、番石榴、番木瓜和西番莲八个树种的生长结果习性和管理技术要点。

　　需要特别强调的是，看似容易掌握的技术往往在实践中需要花费很大的精力，希望读者在实践中找到突破点，集中力量做成一样再做一样，次第渐进。另外希望本书能抛砖引玉，引起读者更多的兴趣，投身到有意义的南果北移产业中来，在北方设施中开发出更多的南方果树应用成果。

　　本书由杜玉虎、张振东、张力飞编著，其中有些内容借鉴了辽宁农业职业技术学院南果北移项目团队的研究成果，在此一并表示感谢。

　　由于编者水平有限，书中疏漏和不足之处难免，敬请广大读者批评指正。

杜玉虎

2023 年 2 月

目录

第三章　桑葚设施栽培 / 046

第六章　枇杷设施栽培 / 103

第七章　番石榴设施栽培 / 122

第八章　番木瓜设施栽培 / 139

第九章 西番莲设施栽培 / 153

第一章

概述

　　如果说千年前的"一骑红尘妃子笑，无人知是荔枝来"是人们对南方果树能够在北方栽培的向往的话，那么1985年鸿昌等撰文写的"南国的香蕉、荔枝、椰子等佳果，都是大自然宠坏了的娇儿。它们只要稍向北移，一遇冰雪，就会憔悴不堪，更结不出什么佳果来……地处淮北的安徽宿县栏杆区石相村，竟发现一棵室外生长的大柑橘树……枝叶繁茂，硕果累"就已是人们开始在北方利用小气候条件，无意或有意进行南方果树栽培的实践了。

　　南方果树北方栽植并不是一件新奇的事情，因为在北方的庭院或室内，很早就开始种植各种南方绿植，其中不乏果树类。但是完全为了经济效益而生产商品果，是在20世纪末21世纪初。随着北方设施农业的发展，尤其是日光温室的发展，各地开始把南方果树引种到北方设施中，相继诞生了一批具备一定规模、以生产经济效益较高的商品果为目的的南果北移项目。1999年，笔者在辽宁农业职业技术学院交流学习时，就看到了从新疆回到辽宁工作的王敬斌教授已经将无花果引种在日光温室中，该项目经过3年的研究，成功推广到了辽宁的沈阳、辽阳、丹东、大连等许多地区。1999年北京市农业技术推广站开展了南方果树在北方设施种植的试验研究，并于2002年种植番木瓜获得成功，从此拉开了北京市南果北种的序幕。目前，以生产商品果为目的的南果北移项目已经遍布我国整个北方地区，成为许多北方地区，尤其是城市周边设施农业的一个行业新亮点。此外，许多南方果树种植园区被列为学生社会教育实践基地、科普教育基地、民族团结示范基地、扶贫项目基地，以及旅游景点项目等，在促进农业观光旅游发展、农业产业供给侧结构性调整、农民增收等方面发挥着积极作用。

第一节　南果北移的概念、原理及引种成功标准

一、南果北移的概念

南果北移，是指将本地没有的南方果树种类、品种引种过来，利用本地生产上具备的常规设施条件形成的小气候条件，通过配套的栽培管理技术，既能满足果树生长发育要求，又能达到一定产量和经济效益的果树生产方式。不同地区的生产者和研究者也将其称为"南果北种""南果北引"或"南果北栽"等。从南果北移的统计面积分析，不同地区学者对南果北移研究和发展的着重点不同，笔者认为存在着"南"和"北"相对和绝对的区别。例如许永新等2021年报道中提到，目前北方地区的南果北移项目面积约5000亩，这里统计的是以火龙果、番木瓜、香蕉、番石榴、柚子、洋蒲桃等长江以南的南方果树为主，被引入长江以北的北方地区，属于绝对意义上的南果北移；詹柴等报道，截止到2021年，浙江宁波市火龙果的栽培面积突破5000亩，而且还有其他南方果树的种植，比如西番莲等，这里就属于相对意义上的南果北移，引入地和被引入地都在长江以南，都属于南方而又有相对南北的区别；2021年黑龙江日报报道，黑龙江的科研人员与产业实践者成功实施了"南果北移""寒地水果设施栽培"等，应用面积超过5000亩，报道中提到的"南果"多为黑龙江原来由于低温不能栽培的桃、苹果和梨等北方果树种类，这里也属于相对意义上的南果北移，引入地和被引入地都在长江以北，都属于北方而也有相对南北的区别。

南方果树本身依据其耐寒性的不同，其分布呈阶梯状，比如毛丹、山竹、榴梿在热带地区如海南三亚露地生长，温度要求在13℃以上，那么引种到海口栽培就可以称为南果北移；菠萝一般在广东广州以南地区可以正常生长，而在广东韶关就会发生冻害，如果引入浙江宁波栽培，也可以称作南果北移。也有人认为，应以秦岭—淮河一线为界把生产的果品划分为南果和北果，但这样划分将有许多水果既是南果也是北果，容易引起歧义。因此，南果北移的"南"和"北"是相对概念更具有普遍意义。笔者认为，将受低温限制本地区不能露地栽培的南方水果称为相对意义上的"南果"更便于理解。

本书第二章之后各章主要涉及的是绝对意义上的南果北移，即把南方果树中引入到北方设施中栽培的技术措施。但无论是相对还是绝对意义上的南果北移，都具有相似的引种原理和技术措施，可以相互借鉴，取长补短，只要具有市场优势、能丰富人们的生活都可以发展生产。

二、南果北移的原理

南果北移人为创造了适宜的小气候条件，因此其原理涉及果树育种学"引种"原理中的"气候相似论"和"遗传适应性"。"气候相似论"即引种能否成功，取决于引种地与原产地气候条件的相似性。生态因子不断对植物生长发育产生影响，同时植物也对变化着的生态环境产生不同的反应和适应性，即"遗传适应性"。生态因子主要包括气候生态因子（温度、光照、湿度等）、土壤生态因子（土壤的理化特性、微生物、含盐量、pH等）和共栖生态因子（病、虫、传粉媒介等）。各种生态因子综合作用于植物，但在一定时间、地点等条件下，总是有某一生态因子对植物生长发育某一阶段起着主导作用。引种成功的关键就是要找出这一影响遗传适应性的主导因子，通过分析引种地当前生产上应用的设施条件，做出是否可以引种栽培的科学判断。

（1）温度　温度常常是影响南果北移成败的具有主导作用的限制性因子之一。主要包括临界低温、低温持续时间、升降温速度、霜冻及有效积温等。临界低温是植物能忍受最低温度的极限，低于临界低温则易造成植物严重冻害或死亡。例如菠萝一般品种的临界低温为-1℃，每年都发生气温低于-1℃并持续几个小时的地区，引种菠萝时需要保护措施。

（2）光照　光照包括昼夜交替的光周期和光强。光周期会成为一些植物开花的限制因子，春夏季开花的果树多需要昼夜交替中白天较长时间的光周期，比如杨梅。火龙果在北方日光温室栽培，要到5月份才开始形成花蕾，但是如果人工补光，延长连续"白昼"的光照时间，就可以更早开花；如果冬季棚温也能升高到正常生长发育所需的温度，配合人工补光就可以实现周年生产。秋季开花的果树需要昼夜交替中较长时间的黑暗光周期，比如枇杷。也有许多果树对此光周期不敏感，表现为一年四季只要温度适宜就可以开花，比如阳桃、洋蒲桃等。温室、大棚的覆盖系统会减弱光强，所以要选择对散射光、弱光也能很好利用的果树种类、品种。

（3）其他因子　在引进适宜果树种类、品种的前提下，水分、土壤等其他因子在现代化的温室管理中相对容易控制。

三、引种成功的标准

南果北移引种成功的标准包括：第一，与在原产地相比，果树不需要特殊保护而能露地越冬度夏、正常生长、开花、结实。虽然大棚、日光温室都属于特殊保护，但这些生产条件在北方已经属于常规性的生产设施了，在现有社会发展阶段，在常规性生产条件的基础上不再进行特殊保护，也应该称之为引种成功。第二，果树保持原有的产量和品质等经济性状，比如引进的'红美人'柑橘的果实，依然具有上海、浙江产地同等的品质，即果肉橙黄色，柔软多汁，囊瓣壁薄，舌头几乎难以察觉等（图1-1，图1-2）。第三，果树能用适当的繁殖方式进行正常繁殖。随着生产技术的不断发展，物流货运也更加便捷迅速，一年一栽的南方果树苗木完全可以靠物流运苗实现生产，而且即便日光温室的小气候条件具备繁殖条件，但从技术完备性、品种纯度、成本控制等各方面考虑，在不具有优势的前提下，可以暂时不考虑本地育苗。因此，能否在引种地正常繁殖苗木甚至可以不作为引种成功的标准。比如辽宁省各地日光温室种植草莓，大多数是从丹东购入苗木，而自繁苗木较少；番木瓜、菠萝、香蕉也完全可以从南方订购苗木。随着社会发展，引种成功的标准也应做出相应调整。

图1-1 '红美人'柑橘果实　　　　图1-2 '红美人'柑橘开花

第二节　南果北移设施栽培特点及应用场景

一、栽培特点

1. 果实成熟期长，适于观光采摘

南方果树在北方的日光温室栽培，由于热带、亚热带果树多数具有多次、陆续、分批进行花芽分化的特性，果实分批成熟，大大延长了果实的挂树期，也就极大地延长了果品的供应期。不同成熟期的南方果树，如国庆、元旦、春节等消费旺季成熟的种类品种搭配种植，或者通过成熟期调控技术进行调整，可以实现全年采摘，满足消费者的消费需求。此外，南果北移项目能够满足城市人群休闲观光和采摘体验的需求，也可以满足城市人群鼓励孩子接触大自然和开展自然教育活动的市场需要。

2. 果实成熟度高，品质好，可就地上市

引种的南方果树多属于珍稀的特色水果，营养价值和医疗保健价值

很高，风味独特，成熟度高，品质优。同时，由于北方日光温室内光照充足，昼夜温差大，果实干物质积累多，品质相应就会提升；又由于生产的水果大多供应本地市场，运输距离较短，甚至可上门采摘，可以培育成熟度更高，甚至完熟的水果，因此南方水果固有的风味和口感可以尽可能完全展现（图1-3）。这种情况

图1-3 完全成熟的无花果

下，在北方设施中栽培的南方水果，品质上就可能会超过原产地的水平，尤其是优越于远距离北上的南方水果。另外，成熟后就地上市也减少了南方水果在运输过程当中损耗大、成本高的问题。

3. 果品生产绿色健康

南方果树引入北方日光温室栽培后，由于北方日光温室内光照充足、空气干燥，果树不易发生病虫害，再加上温室的封闭性管理，阻隔了外界病虫害的传播蔓延，因此，阶段性不用或者少用农药就完全可以生产出品质良好的水果。并且管理环节相对减少，既降低了用药和人工成本，又减少了果实污染，符合健康消费的要求。

4. 适合多元化开发增值

南方水果除鲜食外，还非常适宜酿酒，制作饮料、果酱、果脯、果干等。此外，南方果树因独特的枝叶特性、根盘特性等，制作的盆景花卉具有很高的观赏价值，是都市农业建设中优良的创作材料。

二、应用场景

1. 果品生产

"橘生淮南则为橘，生于淮北则为枳，叶徒相似，其实味不同。所以

然者何？水土异也。"这是古人对南方果树橘不能北移栽培原因的分析。随着现代农业技术的进步，设施农业中温、光、水、气、土壤、生物等环境条件的可控性大大提升，加上新技术、新材料的应用，如肥水一体化技术、调光薄膜等，现代化设施农业技术日臻成熟，不仅使不耐严寒的南方果树在寒冷地区栽培成为现实，而且管理技术不断向着更加便捷和智能发展。目前，在北方日光温室和大棚内，已经实现了无花果、桑葚、火龙果、阳桃、枇杷、番石榴、番木瓜、台湾青枣（图1-4）、三叶木通（八月炸）（图1-5）、洋蒲桃（莲雾）、香蕉（图1-6）、菠萝（图1-7）、柑橘、柚子、柠檬、杧果、荔枝、波罗蜜、神秘果、杨梅、黄皮等果品的生产。这些果品成熟后多数不耐远距离运输，货架期相对较短，比如无花果、桑葚等；或者价格高、效益好，比如近几年的'红美人'柑橘等；或者栽培技术门槛相对较低，管理相对容易，较容易栽培成功，如火龙果、阳桃（图1-8）、番木瓜等。因此，果品成熟后，通常就近销售，目标市场明确，运营模式成熟。

（a）温室栽培

（b）开花

（c）坐果

图1-4　台湾青枣

（a）日光温室栽培的三叶木通果实

（b）日光温室栽培的三叶木通开花

（c）日光温室栽培的
三叶木通果实成熟

图1-5　三叶木通

（a）日光温室栽培的香蕉开花坐果

（b）日光温室栽培的香蕉开始成熟

图1-6　香蕉

（a）日光温室栽培　　　　　　　（b）日光温室栽培的菠萝结果

图1-7　菠萝

图1-8　日光温室栽培的阳桃果实

2. 促早应用

南果北移的主要应用目标是由寒冷地区生产出原本由于寒冷不能生产的南方水果，这些应用将从第二章起展开。除此之外，南果北移还可以实现与原产地错开成熟期的应用效果，这里主要介绍一个促早的例子，是编者团队多年试验推广的总结和认知。

具有早熟特性的南方水果在原产地实现提前成熟较为困难，但如果将早熟性南果北移至北方的日光温室，并使用促早栽培技术，就有可能达到比原产地提早成熟的目标。编者团队将浙江省农科院园艺研究所施泽彬研究员选育的优质、早熟、市场认可的'翠冠'（图1-9）和'翠玉'（图1-10）等优良梨品种引种到辽宁日光温室后，发现成熟期可以提早至5月初。而原产地浙江露地成熟期在7月下旬，江浙一带设施生产的成熟期在6月中下旬。可见北方由于进入休眠期早，就可以提早解除休眠，从而实现了更早成熟的目标。除了在本地销售以外，早熟梨对炎热的南方人们来说是解暑的利器，"南梨"北种南销或许会在将来某个时期，成为产业的关注点和价值点（图1-11，图1-12）。此外，编者团队还在日光温室中试验引进了柿子（图1-13）等其他辽宁露地不能正常过冬的果树树种。不仅可以实现成功引种，还可以提早成熟。

（a）日光温室栽培的'翠冠'梨

（b）某农业合作社日光温室6月份成熟的'翠冠'梨

图1-9 '翠冠'梨

（a）日光温室栽培的'翠玉'梨

（b）连栋温室'翠玉'梨二年生结果状态

图1-10 '翠玉'梨

图1-11
连栋温室梨开花状态

图1-12　日光温室梨在辽宁推广种植　　　图1-13　温室栽培的柿子

3. 观光采摘与花果木销售

近年来，随着南果北移设施栽培规模的不断扩大，有果可采、有景可观、有花可赏的观光采摘游，逐渐成为市民休闲放松的新方式和农业经济增长的新亮点。利用大棚和温室建设生态型休闲观光果园，配置南方果树形态独特的花、叶、果，展现丰富多元的南方水果与引人入胜的自然风光。比如花朵极具观赏性的毛花猕猴桃（图1-14）、浆果鲜红的红果仔（图1-15）、花形独特的西番莲、南国风情浓郁的香蕉、果实累累的番木瓜等。在整体布局中加入北方果树如草莓、葡萄、蓝莓等，还可以延长鲜果采摘供应期和丰富果品种类。此外，部分北方地区的生态观光果园选择宜盆栽的南方果树，大力开展居家盆栽、盆景制作工作，再搭配南方造景园林树木，成为了居家花木、园林造景、生态餐厅布置等植物材料的集散地（图1-16～图1-21）。

图1-14　毛花猕猴桃（花瓣红色或粉色）　　　图1-15　红果仔

图1-16　无花果盆栽

图1-17　石榴盆栽

图1-18　石榴桩景培养

图1-19　嘉宝果盆栽

图1-20　嘉宝果限根栽培

图1-21 盆栽点缀增强果园观赏性

4. 科普示范与参与体验

南方果树引入北方，尤其是热带和亚热带果树，以其奇异美丽的枝叶花果打造的科普示范园，不仅能够迎合人们对大自然热爱和向往的情感需求，满足北方市民对南方自然风光的好奇心；还可以成为科普示范的课堂，奇特罕见的开花结果状态（图1-22）、丰富多样的水果品种（图1-23）等都是珍贵的教学资料。以南方果树为主体打造的儿童主题乐园，可以培养孩子亲近自然、贴近农业的感情，亲自制作小巧精美的盆栽、采摘水果制作美味的水果甜品等活动也能给孩子带来良好的趣味性参与体验。如果说人生就是一次旅行，唯有见诸施行，方为人生意义，那么创新更为有意，比如以南果北移为题就给人们创造了更多有趣的生活，哪怕是参与和体验着新颖的南果北移事项，都可以毫无争议地说是人生旅行中的新大陆。

（a）开花状 　　　　　　　　（b）结果状

图1-22 嘉宝果枝干开花结果状

（a）外形各异不同品种的香蕉 　　　　　（b）柑橘品种'红美人'

图1-23　丰富多样的水果品种

第三节　南果北移项目开发注意事项

一、重视选址

做好农业园区发展定位后，园址选择就非常重要了，要考虑地方政策与产业基础、交通条件以及自然条件等。比如，建设面向城市人群，打造具有休闲观光、采摘体验和科普教育功能的现代农业产业园。首先，只有结合地方政策及旅游发展规划，与风景区连接成线、结合成片，才能达到增益双赢的效果；其次，要重点考虑城市人群出行的便利性，只有交通便利的地方才有可能保证日常客流量；再者，要选择自然环境优美、空气清新干净的区域。

二、重视精细化管理

精细化管理的目的是把引种水果的特点特色展现出来，使其产量与品质达到最初设定的生产目标。精细化管理涵盖生产全过程的管理环节，如项目规划的完整性和精细度，定植操作与架式安排的标准化程度，病虫害管理的科学性程度，整形修剪的及时性和修剪量的把控等。并且每一次技术措施的执行，都需要针对树体与环境的相互变化进行调整，这些精细化管理才是好项目达到好效果的保证。这里针对当前实践中出现的突出问题，以管理精力分配和果实品质管理中的成熟度管理为例，抛砖引玉，希望从业者能够举一反三，从中得到启发，并结合自身现状和特点，对生产流程进行再造，从而使管理的水平不断迭代升级。

1. 管理精力分配合理是项目成败的关键

简则明，多则惑，项目管理在精细不在多广。在项目起步阶段，切忌引种过多种类，如果项目已经启动，也要迅速做出取舍，明确重点精细化管理的一种水果。实践中，许多观光采摘园与现代农业园区在引进南方水果栽培时，容易凭主观感受引入太多新奇品种。但每一种南方水果的栽培技术落地都需要一定的周期，即便是科研院所引种成功的，提出了配套的栽培技术，在技术落地到具体项目过程中也是包含技术再创造的过程的。尤其是技术人员不能长期驻扎，本地又缺少专业技术人员，栽培及管理往往不到位，最终不能产出优质果品，达不到预期产量，或出现品质及产量不稳的现象。不同南方果树对环境、管理、采后处理的要求差异很大，很多品种的北方设施高品质稳产栽培配套技术尚不成熟，多停留在引种阶段，近期育成的优良品种甚至未完成引种。在选择果树种类及品种时，既要考虑市场需求，又要考虑种植管理水平，不可一次引入过多品种，最好是针对一个树种，引入 1 ～ 2 个主栽品种和多个试验性品种。北方许多南果北移生产项目的经营不善都存在种类品种引种过多过杂，导致技术管理跟不上而顾此失彼的原因。因此要有效培养本土化的技术人员，切不可简单套用北方果树的栽培管理技术，以免造成较大的经济损失（图1-24）。

（a）　　　　　　　　　　　　　　　（b）

图1-24　过度修剪的柠檬枝

2. 果实品质管理中的成熟度管理

通常可以把果实的成熟划分为三种：可采成熟、食用成熟、生理成熟。

可采成熟是指果实成熟度达到70%～80%，比如王南南等提出通过果指鲜果肉皮比值来判定'巴西蕉'成熟度达到采收标准的75%成熟度。一些水果不适于立即鲜食，但是大小已经定型，具备商品果品质，适于长途运输和市场急需。进入市场贩卖前，有些水果往往还需使用乙烯利等植物激素，对水果的颜色、肉质进行催熟，香气、风味、营养等价值均低于食用成熟度的水果。

食用成熟是指果实成熟度达到80%～90%，口感上已表现出该品种应有的色、香、味，尤其在营养价值上也达到了较高水平，为食用较佳时期，用于就近供应，不适于长途运输和长期贮藏。

生理成熟是指果实充分成熟，即100%成熟，也称为完熟。此时果实营养积累到最大值，食用品质达到最佳，但品质的顶点也是拐点。随着果胶酶的作用，水解作用增强，果肉的组织结构开始逐渐被破坏，向松软发展。

较耐贮运的水果通常可以在成熟度略高时采收，如柑橘、柚子、橙子等。而无花果、枇杷、桑葚、木瓜、阳桃、猕猴桃等水果，由于不耐贮运，如果需要较远距离运输，或多些时间的货架期，就需要在成熟度不高的时候采收。

水果的不同品质因子对销售的影响也不同。有些水果品质因子会因人而异，比如桃子，有人喜欢脆一些、略微生一些的果实，有人喜欢柔软多汁、可以"剥皮吃"的完熟果实。有些水果品质因子，人们则意见较一致，比如'红美人'橘子的囊瓣壁是越薄越好的。

了解了水果的成熟度后会发现，南方水果在北方设施生产的优势之一，就是提高成熟度，改传统销售模式为直接面对消费者，尽可能缩短从采收到食用这两个环节之间的间隔时间，这样才能让更多人享用到完熟的水果，这也是观光采摘园与现代化农业园区的盈利点。

那么，在这里提出的精细化管理，就是控制采收这一环节在果实成熟度达到90%～100%时实施，而这个成熟度，是传统生产上不能等的成熟度。在这个基础上，还可以提出进一步的精细化，比如，无花果90%的成熟度依然与95%成熟度的果实，在口感上有明显区别，那么就需要设法提升采收最低成熟度到95%。

　　举两个例子，一个是在辽宁农业职业技术学院里的无花果试验园中，张力飞教授每次采摘的无花果，成熟度都很高，几乎都要达到100%成熟，比如明天才能成熟时，要控制不采，等到明天再采，许多无花果品种尽管采收时间仅相差一天，口感会有非常明显的不同。图1-25（a）的果实是'麦司依陶芬'品种，由于上面枝叶遮挡，果实着色较差，但是这样的成熟度，其美味不仅不会让人失望，反而会给消费者带来美好的体验（图1-25）。这个成熟度的判断，主要依据实果皮底色变化和果实形态。另一个是'粤葚大10'桑葚，许多人都是因为吃了成熟度不够的果实，而对其产生了"太酸"的认识，倘若能够吃到完熟的'粤葚大10'桑葚（几乎是手一碰就掉下来的程度），相信一定会喜欢上这个含有大量花青素的"营养型"水果。因此，正确判断果品采收成熟度至关重要，这直接影响果品产量、品质和商品价值，影响贮运效果。

（a）　　　　　　　　　　（b）

图1-25　完全成熟的无花果果实

三、引进优良品种，持续更新迭代

　　现代农业高产、高效、优质、安全发展，离不开优良的植物品种。目前，北方设施栽培的南方果树到原产地引种的少，而北方互引的多。即使在原产地选育出了新的优良品种，引入北方设施中栽培后，也首先需要在技术上进行引种试栽，形成完备的技术体系，需要较长的时间，这就导致品种更新不及时，优良品种的优势得不到完全发挥。应系统性地开展优良品种引进工作，包括树种、品种的登记备案等，政府相关部门也应做好在南果北移相关产业上的科研支持、产业扶持等计划性安排。

引种前应从消费者的角度考虑问题，从果品的外观、品质、营养价值等方面仔细预估市场，特别是在品质上，应首选风味浓郁、口感香甜、老少皆宜的优良品种。要充分发挥北方设施提早升温的优势，选择早熟品种，让其更早熟，比如枇杷、杨梅是季节性非常强的果品，如果能够早于原产地成熟期成熟，不仅可以供应周边市场，甚至可以扩大消费者群体，销往原产地。引种时要严格遵守引种程序，要先考察树种、品种的生长结果习性及其对土壤、温度、水分、养分的要求，再利用温室大棚创造适合的环境条件。要先试验示范，再推广应用。

南果北移是一项创新性工作，需要引进单位配套较强的科研能力，保证优良品种快速获得引种成功并不断更新迭代。近年来，随着电商发展，在网络上采购南方果树苗木屡见不鲜，很容易产生品种不纯、良莠不齐、病虫害传播等问题。科研及生产单位在网购过程中应特别注意优良品种纯度及苗木品质问题。

四、按照设施农业产业发展规律办事

1. 在树种、品种上做好选择

设施农业应以生产鲜食果品为主，要首选那些市场价格高、风味口感稀缺、适于鲜食，且有一定量市场需求的果品，比如无花果、阳桃、桑葚、火龙果、番木瓜、枇杷、番石榴、西番莲、杨梅、优质的柑橘等。诸如柠檬这类不能采摘即食的水果，不适合在北方设施栽培中，以观光采摘为目的的大面积栽培。但同样是以酸味为主的西番莲，却酸甜可口、风味浓郁，许多人都喜欢把西番莲掰开后直接食用，西番莲也很适合现场加工，鲜果用量较大，适合作为北方设施产果果树栽培。刚采摘的香蕉味道和口感较差，需要等到后熟才能变得香甜软糯，所以香蕉不适合现场采摘食用；但香蕉果树与其他常见南方果树相比，叶片硕大、奇特，更具南方风情，因此适合在果园少量栽培以提升整体景观效果。

2. 在产品及服务上做好规划

设施农业的重点应放在促早和延后栽培，在淡季推出新鲜果实。尤其在东北、华北和西北地区，冬季温度低，低温持续时间长，枇杷与杨梅等水果在南方需要等到暮春初夏时节，北方的温室中却可以早早上市了。此外，北方植物随着冬季气温的降低逐渐进入休眠期，除了少部分常绿或具有观干景观价值的植物外，多数植物枝叶掉落，显得灰暗、萧瑟。现代农业采摘园中成片的绿色和新鲜的果实，会带给北方城市居民独特的视觉感受，满足他们向往生机的情感需求。因此，应在产品和服务上做好规划，迎合消费者多方面的需求。

3. 抓住重点，在企业品牌价值上下功夫

设施农业应以贴近自然为准绳拓展衍生项目，诸如科普教育、研学体验、休闲度假等，与一般农产品相比，观光采摘园为游客提供了观赏、品尝、娱乐、科教、度假等一系列服务，应注重在农业文化上打造农业企业文化和农业品牌价值，拓宽增收渠道。比如坐落于辽宁省辽阳市灯塔市辽峰小镇的中圣、绿野、三立合合等多家现代农业示范园，设施面积超过2000亩（1亩＝667m²），自2017年至今，每年在春节期间举办"冬季赏花节"、在4月份举办"春季采摘节"、9月份举办"农民丰收节"，引来大批游客，为周边城市人群提供了农业旅游好去处，南果北移项目更是必去游览的内容，形成了农旅结合、四季可玩、可持续发展的口碑和品牌。此外，一些项目还可与传统文化相结合，创新出效益，比如可以开展桑葚设施栽培与蚕桑丝绸文化展览相结合等。关键是在企业为消费者提供的价值上抓住重点，突出重点，在服务价值上下功夫。比如"良好农业规范"认证（GAP）等，加强内涵建设，提升产品形象和品牌影响力。

4. 敬重市场，先有市场后有生产

农业企业普遍存在着种植技术过硬，但产品产业链延伸和营销环节相

对薄弱的问题。市场不容易预测，从交易的本质上讲，应该先有市场后有生产，先有订单后有生产方案，但实际往往是先进行生产，商品果"落地"了才开始寻找市场。因此在南果北移项目实施前，要重视市场调研和小范围探索，合理预测市场，策划产品产业链及营销方案，避免盲目生产。

五、建立大数据，主动刹车，避免供大于求

产业发展像生命体一样，具有成长、成熟、衰老的周期。南果北移不管是发展生产，还是发展观光采摘、都市农业，都要经历这个过程。在成长溢价期，供小于求，进入者需要一定的发展眼光和判断力，也要冒很大的风险，但有机会获得较大的收益。随着产业的发展，供需逐渐达到平衡，收益增速进入稳步回落期，收益率下降，直至投入产出平衡。随着产业资金的不断涌入，加上其他生产者盲目跟风，变得供大于求，产业发展遇到市场容量瓶颈，产业遭受损失，部分产业转型或退出，最终达到供需的稳定平衡。如果及早建立大数据、形成产业链，从总体上进行控制，主动预警刹车，避免惯性涌入，理性发展，就能避免许多损失。这里大数据的形成和有效利用的关键在于行业内形成更加有效的组织，促进行业协调、均衡发展，才有利于从宏观角度把握行业的发展。这里仅为发展南果北移的产业资金投入做出提醒，距离建立组织和组织良性运转尚有许多工作要做。应尽早成立南果北移相关的行业协会，或者产业协作联盟，建立数据库，在一定程度上共享数据资源。从地理位置、种植种类和特色、产品供应质量及时期等，到产前的生产资料采购、环境打造，再到产后的消费群体信息及特性分析，形成系统的数据资源；并且及时发布发展报告或者定期发布年报，以供新进入产业资金流向参考，并引导消费，同时共享技术成果。

六、项目投入产出周期长是最基本的特点

虽然许多南方果树见果快、售价较高，但南果北移项目依然是农业项目，具有农业项目最基本的特点，比如投资大、产出慢、周期长等。"一

年建园，二年见果，三年丰产"算是理想模式，实际上"三年成型，五年见效"为常态，甚至周期更长，因此应做好长周期投入的安排。比如环境改造、景点布置、道路完善、技术学习、人员培训等，都会花费大量的时间、精力和资金。一般项目投入前，资金充足、技术过硬、销售渠道无忧三点中至少要占一点，才能应对项目投入产出周期长的挑战。另外要控制规模，在项目起步阶段，不妨先做些探讨性的栽培试验，通过栽培试验和摸索市场，在实践中进一步明确项目定位和发展方向后，再有的放矢地发展。

参考文献

[1] 张义勇.热带果树在北方日光温室栽培的理论与实践［J］.河北果树，2003(5): 3-4.

[2] 许永新，张宁.北京市南果北种发展历史与发展方向［J］.农业工程技术，2021,41(1): 24-27.

[3] 王敬斌，蒋锦标，王涌，等.无花果温室栽培技术［J］.北方果树，2002(1): 15-16.

[4] 鸿昌，柳燕.桔过淮河破定论——南果北种创奇迹［J］.生物学杂志，1985(1): 27+38.

[5] 詹柴，王凯，徐志豪，等."南果北移"在乡村休闲旅游中的运用——以凤梨为例［J］.农村实用技术，2022(8): 58-59.

[6] 周静."南果北移"助力龙江百果飘香［N］.黑龙江日报，2021-02-02.

[7] 杜玉虎，蒋锦标，曹玉芬，等.翠冠梨在辽宁营口的日光温室栽培技术［J］.中国果树，2010(6): 49-51+82.

[8] 纪薇，温鹏飞，高美英，等.基于"南果北栽"技术的北方高等农林院校课程教学改革——以山西农业大学为例［J］.教育现代化，2017,4(49): 93-95.

[9] 张萌.洛阳地区采摘观光旅游项目开发及其品牌塑造［J］.沈阳农业大学学报（社会科学版），2013,15(3): 356-360.

第二章

无花果设施栽培

　　无花果（*Ficus caraca* L.）又叫明目果、乳浆果，属桑科（Moraceae）无花果属（亦称榕属）植物，为多年生落叶小乔木或灌木。原产于西南亚的沙特阿拉伯、也门等地，大约在公元前3000年，地中海沿岸地区人们就开始种植无花果，至今已有约5000年的栽培历史，是人类最早栽培的果树之一。无花果是一种优良的经济树种，且具有耐盐性强、耐瘠薄等特点。其为隐头花序，花序托内壁上排列有数以千计的小花，食用部分由花序托及其上着生的多数小果共同肥大而成，果实含膳食纤维较多。因外观只见果不见花，故名无花果。

　　无花果是一种食疗保健型水果，柔软味甜，老少皆宜，深受人们喜爱。无花果营养价值极高，鲜果中含糖量为15% ～ 24%，多为人体可直接吸收的果糖和葡萄糖，含大量的维生素A和维生素C（含量是柑橘的2.3倍）、多种有机酸、酶类和人体所需要的18种氨基酸，还含有硒、磷、钙、铜、铁、镁、钾等多种元素。无花果还具有较高的药用价值，特别是果实内含有的佛手柑内酯、补骨脂内酯等成分，有着独特的防癌抗癌功效。还能够提高人体免疫力，防治心血管疾病、痢疾、溃疡、痔疮及降低高血压等，具有润肺止咳、消肿解痛、滋阴壮阳、清火明目、开胃助消化，以及延缓衰老、延年益寿等功效。

第一节　无花果生长结果习性

一、根系生长习性

黄承前等在湖南长沙采用玻璃观察室，对栽植一年生的无花果根系生长情况进行了调查（年均降水量1422.4mm，不灌溉自然状态下观测）。结果表明，根系3月上旬开始生长，一直到5月上旬生长缓慢，日平均生长量为0.25～0.4cm；5月中旬至6月中旬根系进入第一个生长高峰期，日平均生长量为1.18～1.22cm，最高达2.4cm；7月下旬至8月下旬生长趋于停止，日平均生长量只有0.16cm；8月下旬至9月下旬出现一个小生长高峰，日生长量0.4cm；11月底根系停止生长。其中，第一次生长高峰根系生长量占全年的一半，是管理的关键时期，要给予充足的肥水，促进根系发育和吸收水分及营养物质等功能发挥。研究还发现，无花果当年新生根系幅度为246cm，深达90cm，在15～70cm的土层中分布了70%的根量。

无花果根系适应性比较强，耐旱、耐盐碱，好氧，忌渍，对土壤要求较低，各类土壤都能生长；但趋肥性强，在深翻施肥的一侧大量分布，因此要注重土壤的改良和培肥。无花果由于发达的根系和良好的适应性，盆栽效果好，管理较简单，技术难度低（图2-1）。

图2-1　盆栽无花果

二、枝叶生长习性

无花果树冠开张，在自然生长的情况下呈圆头形或广圆形。在自然条件下，无花果新梢一年有两次明显的生长，枝条生长快，分枝少，管理容易，病虫害少，基本可不用农药。进入结果期后，树冠中所有保留的新梢几乎都能成为结果枝。1～2年生枝条呈灰黑色、灰黄褐色或灰白色，成熟枝条树皮滑，开始多为灰白色，随枝龄增大颜色逐步加深。无花果的根、茎、叶及未熟果中都能分泌白色黏性的汁液，易引起人皮肤过敏，作业中应做好防护。无花果叶片大，一般长、宽在20cm左右，大的叶片可达40cm左右。叶片为单生掌状裂叶，多为5裂或7裂。

采用"V"形整形修剪的无花果树，秋季落叶后需极重短截，'麦司依陶芬'于温室升温后40天左右开始萌芽。选留的新梢可持续生长到10月末扣棚前，生长期达270天以上；生长量大，平均生长长度在2m以上（新梢两次生长合并为一次，中间没有明显停止生长）。如果采用的是主干分层形，或自然圆头形，新梢生长量通常会减少，并在6月末～7月上旬出现生长停滞，但多数会再次生长，形成秋梢，总长度多在60cm左右，同时果实成熟期变得相对集中。

钟海霞等在新疆和田日光温室调查中发现，'美娜亚'节间长达8.4cm，'日本紫果'为7.1cm，'金傲芬'为6.48cm，'新疆早黄'为6.47cm，'青皮'为5.5cm，'布兰瑞克'为4.67cm。其中，'布兰瑞克'和'青皮'枝条节间较短、叶片较小、生长势中庸，也较适宜温室栽培。

三、开花结果习性

随着新梢生长，叶腋内分化出花芽（图2-2），通常在第4～8节开始形成幼小的果实，从下至上依次发育膨大（图2-3），逐渐成熟；6～11月份果实成熟，以7月下旬～9月底最为集中，占全年产量的80%以上。在良好的管理条件下，可以连年获得丰产，亩产量在1000～1500kg，高产园可达2000kg以上，结果寿命可达

图2-2　无花果的花芽与叶芽

图2-3　无花果花芽逐渐膨大形成夏果　　　　图2-4　无花果的春果

40～100年，并且容易更新复壮。

　　无花果'麦司依陶芬'的果实发育期为80～90天。在秋末，新梢上部的叶腋内分化出花托原始体，来年继续分化、开花并形成春果（图2-4）。春果通常成熟期较早，但并不能形成规模性的产量。当年生新梢叶腋内着生的果，多夏季成熟，称为夏果（图2-3），是大多数品种的主要产量来源。当年生结果新梢在停滞生长一段时间后，于6月下旬～7月上旬开始二次加长生长，形成秋梢，着生在秋梢叶腋的果为秋果。在日光温室栽培条件下，部分秋果成熟，形成一定的产量。

　　无花果的花芽分化属于芽外分化。为使降低结果新梢始果节位的措施顺利实施，往往在上一年就要注意合理修剪，增加分枝级次，增加短枝数量。试验发现，顶芽梢的始果节位平均在5节左右；新梢越旺，始果节位越高。任晓东等在日光温室无花果萌芽前，树体喷施30倍的单氰胺，萌芽时间比对照（清水）提早了10～15天，并且始果节位降低，多为2节。

四、果实发育特性

　　果实的膨大，主要是果实内部的小花不断发育的结果，首先是小花的子房开始膨大，然后是小花的花梗快速膨大，进而果实步入成熟。

　　姜勇等研究了无花果不同品种果实发育到八成熟和完全成熟时的质构分析（TPA）特性，认为'金傲芬'硬度、弹性和咀嚼度适中，适宜鲜食；'青皮''紫蕾'在八成熟时硬度较大，适合长途运输；'布兰瑞克'的成熟果实黏聚性最大，适合加工果泥、果酱产品；'波姬红'硬度、弹性、恢复性以及八成熟的黏聚性均较小，口感松软，被挤压和咀嚼后不易恢复，不适合常温下运输。孙锐等研究了10个无花果品种八成熟和完全成熟果实的营养指标发现，随着果实成熟，内含物增加，尤其是糖酸比呈跳跃式增长，完全成熟果实糖酸比是八成熟果实的1～3倍。

图2-5　过度成熟的无花果

　　无花果果实完全成熟后，就达到了果实食用品质的顶点，此时果皮有可能开始开裂，果顶张开的口更大；如果再继续生长，便过度成熟，果皮裂口加深，果顶开始水渍化，果顶的滋味开始出现酸味，此时就意味着果实由不断积累营养物质开始转向腐烂，也很容易滋生果蝇，招来金龟子、鸟为害（图2-5）。

第二节　无花果生产概况与品种选择

一、生产概况

　　目前，我国的无花果以新疆为栽培中心，其次陕西关中、江苏、上海也有较多栽培，山东青岛、烟台、威海等地被称为无花果沿海栽培中心。但是与其他果树相比，无花果仍属零星分散栽培，管理粗放，产量很低，利用不充分；且多以生产无花果干为主，以鲜食为主的栽培更为少见。南果北移项目的开展，使无花果在许多北方地区如北京、天津、河北、山西、甘肃、宁夏，甚至在东北三省也顺利生根发芽、开花结果，成为北方日光温室易栽、易管的宠儿。然而收获优质、高产的无花果并非易事，这其中还有许多技术需要不断摸索研发。

王雯慧2022年报道，无花果品种资源保存有110余种，种植面积由2012年的不足2万亩发展到了近50万亩。四川省总种植面积约10.2万亩，成熟期比山东产区早45天，比新疆主产区早60天，全国无花果鲜果销量第一（占总销量的45%）。山东威海种植面积4.23万亩，产量6.771万吨，品种以'青皮'为主（占总产量的85%以上），成为了地理标志产品，威海也因此被授予了"中国无花果之乡"的称号。无花果从零散栽培逐步进入区域化、规模化经营。

日本的无花果设施栽培开始较早，分为加温温室栽培、不加温温室栽培和避雨式栽培三种基本类型。我国日光温室栽培无花果是目前的发展方向，设施栽培技术系统性研究工作已逐渐展开，栽培面积不断扩大，栽培技术也日渐成熟。21世纪始，辽宁农业职业技术学院的王敬彬教授、蒋锦标教授和张力飞教授等就展开了无花果日光温室配套栽培技术研究，经过20多年的发展，现已在东北多个城市推广种植，形成了一定的产业规模。

二、品种选择

全世界无花果品种超700个。张力飞等经过20余年的日光温室无花果栽培研究，认为众多无花果品种中，如下几个品种具有较高的栽培价值。除此之外，我国新育成的品种如'紫宝''绿蜜'和'紫钻'等，还需进一步进行引种试验。

①'麦司依陶芬'。1985年由日本引入。该品种树势中庸，树冠开张，枝条软而分枝多。耐盐、抗寒性较弱。休眠期需冷量为80～200h。盛果期早，极丰产，采收期长，较耐运输，以鲜食为主，也可加工。夏、秋果兼用，以秋果为主。夏果7月上中旬成熟，长卵圆形或短圆形，果皮绿紫色，夏果单果重70～100g，最大可达150～200g，品质优良。秋果8月下旬～10月下旬成熟，果下垂，中大，单果重50～70g；果皮薄、韧、紫褐色，果肉桃红色，肉质粗，可溶性固形物含量12.5%～16.5%，平均14.1%，味较浓，品质中上。

②'波姬红'。1998年由美国引入，为鲜食大型红色无花果优良品种。树势中庸、健壮，树姿开张，分枝力强。新梢年生长量2.5m，枝粗2.3cm，节间长5.1cm。叶片较大，多为掌状5裂，裂刻深而狭，叶径27cm，基出脉5条，叶缘具不规则波状锯齿；叶柄长15cm，黄绿色。耐寒、耐盐碱性较强。夏、秋果兼用，始果部位2～3节。果实长卵圆或长圆锥形，果形指数1.37。皮鲜艳，条状褐红或紫色，果肋较明显。果柄0.4～0.6cm，果目开张径0.5cm。秋果平均单果重60～90g，有时可达110g。果肉微中空，浅红或红色，味甜，汁多，可溶性固形物含量16%～20%，品质极佳，极丰产。耐寒、耐盐碱性较强。成熟果实30℃室温下存放7天，仍可食用。

③'日本紫果'。1997年由日本引入，为红色优良无花果品种。较耐贮运，较耐寒。树势健旺，分枝力强，新梢年生长量1.5～2.5m，枝粗2.1cm，新梢节间长6.1cm。枝皮绿色或灰绿、青灰色。叶片大而厚，宽卵圆形，叶径27～40cm，叶形指数0.97，掌状5深裂，裂刻深达18.5cm，叶柄长10cm。夏、秋果兼用，以秋果为主。始果节位3～6节。果扁圆卵形，无果颈，果柄极短，0.2cm左右，平均单果重40～90g。果皮生长期绿紫条相间，成熟时果皮深紫红色，皮薄，易出现糖液外溢现象。果目红色，0.3～0.5cm。果肉鲜红色、致密、汁多、甜酸适度。果、叶中含微量元素硒，可溶性固形物含量18%～23%。品质极佳，鲜食加工兼用，具有广阔的市场发展前景。

④'金傲芬'（A212）。1998年由美国引入。树势旺盛，枝条粗壮，分枝少，年生长量2.3～2.9m。树皮灰褐色，光滑。叶片较大，掌状5裂，裂刻深12～15cm，叶形指数0.94，叶缘具微波状锯齿，有叶锯，叶色浓绿，叶脉掌状基出。夏、秋果兼用品种。始果节位1～3节。卵圆葫芦形，果形指数0.95。果颈明显，果柄0.9～1.8cm，果径6～7cm，果目小，微开，不足0.5cm。果皮金黄色，有光泽。果肉淡黄色，致密，可溶性固形物18%～20%。单果重70～110g，有时可达200g。扦插当年结果，两年生单株产量达9kg以上。夏果发育期约64天，秋果发育期62天。鲜食风味极佳，极丰产，较耐寒。

⑤'布兰瑞克'。夏、秋果兼用，以秋果为主。夏果卵形，成熟时

绿黄色，单果重80g，有时可达150g。秋果为倒圆锥形或倒卵形，均重50～60g，果皮黄褐色，果顶不开裂，果实中空；果肉红褐色，可溶性固形物含量16%以上，味甜而芳香，品质优良。该品种树势中庸，树姿半开张，树体矮化，分枝弱，连续结果能力强，丰产性好，耐寒、耐盐性强。马娜等研究表明，'布兰瑞克'较'麦司依陶芬'耐涝。

第三节　无花果设施环境调控

一、设施选择

无花果秋冬季落叶后需要一定的低温处理，正值最冷月份，温室的管理成本也最高，这时正好可以利用低温的自然条件来处理无花果，或者适当延长低温时间，达到经济、绿色、低碳的发展要求，因此，无花果对日光温室的条件要求不太高。又因为无花果如果采用"V"形整形，每年都要类似平茬一样，把一年中新生长的枝条全部剪掉，因此，无花果对温室高度的要求也不是太严格，在高3m左右的温室中也完全可以生长。当然温室条件好些，更便于管理，利于生产优质果品。在辽宁也有采用冷棚栽培的，但是要求冷棚冬季最低温度最好保持在0℃以上，且要进行覆盖保墒，防止枝条抽干；在最冷月份，白天要采光适当升温，以保证夜晚温度不会低于果树的半致死温度，但需注意不能高于15℃，以免造成冻融交替更容易产生冻害。

二、环境管理

1. 温度和湿度

无花果生长快，结果早，自然休眠期极短，但抗寒性较弱。如'麦司依陶芬'一年生枝条在-6～-4℃时即受冻，低于-15℃左右时地上部分受冻死亡（图2-6）。由于无花果果实极不耐贮运，进行设施栽培不仅可发挥其生长、结果优势，同时还能克服其抗寒性差的弱点，达到提早或延迟鲜果供应、增加产量、提高经济效益的目的。

古丽尼沙·卡斯木等对11个引入新疆的无花果品种的抗寒性进行了研究，其中'布兰瑞克''丰产黄''日本紫果''美丽亚''B110'和'金傲芬'6个品种抗寒性评价高于新疆当地品种'新疆早黄'，半致死温度分别是：−12.62℃、−11.94℃、−11.69℃、−11.62℃、−11.48℃和−11.48℃。

孟艳玲等在山东威海（最冷月1月平均气温−1.5℃，历年极端最低温−13.8℃）露地无花果防寒技术研究

图2-6　无花果主干遭冻害后枯死

中，采用基部埋土或基部埋土加树体包草帘的方式，可以使无花果的冻害级别减轻，不至于全部冻死。比较几个品种发现，'布兰瑞克'和'青皮'抗寒性较好，抽干程度较轻，而'麦司依陶芬''波姬红'和'紫果'的抽干程度较重。

无花果自然休眠期很短，多数品种的低温需求量（3～8℃的低温时间）仅为80～100h，只要温度达到一定要求，就能发芽和生长。无花果正常发芽所需温度为15℃以上，低于15℃时发芽缓慢、不整齐。试验温室中无花果于11月上旬休眠，温室11月中旬升温，无花果12月中旬萌芽。从温室升温到无花果发芽展叶期间，前期白天温度保持在20～25℃，不宜太高，若温度高于35℃，会出现芽枯死或发芽不整齐等现象，以后可将温度逐步升到25～28℃，夜间不低于10℃。空气相对湿度保持在80%以上，以促进新梢生长。扣棚升温1个月后，白天温度控制在25～30℃，夜间15℃以上，相对湿度控制在60%～70%，以促进新梢充实、花芽分化和结果。花芽分化期与果实发育期仍保持25～30℃的温度，相对湿度控制在60%左右。该阶段后期如室外夜间温度稳定在10℃

以上时，不再卷放草苫，白天最高温度达到25℃以上时，去除围裙。10月份霜冻到来之前再重新覆膜，晚上逐渐盖草苫，以保持生长温度，一直延续到晚秋，使部分晚熟的果实充分成熟，从而提高产量和经济效益。

经多年的试验总结，无花果的日光温室栽培温度控制指标已经趋于成熟，辽南地区无花果日光温室促成加延后栽培的温度调控指标，如表2-1所示。

表2-1　无花果日光温室促成加延后栽培的温度调控指标

时间/ （日/月～日/月）	物候期	温度/℃		
		最高	最适	最低
6/12 ～ 5/1	休眠	7	4	0
6/1 ～ 5/2	催芽	25	15 ～ 20	8
6/2 ～ 25/2	萌芽	25	20 ～ 25	10
26/2 ～ 15/3	展叶	35	28 ～ 30	15
16/3 ～ 15/4	新梢生长	30	25 ～ 28	13 ～ 15
16/4 ～ 15/5	幼果期	30	25 ～ 28	13 ～ 15
16/5 ～ 25/6	膨大期	35	25 ～ 30	20
26/6 ～ 15/9	采收期	35	25 ～ 30	20
16/9 ～ 15/10	延后采收	30	20 ～ 25	15
16/10 ～ 5/12	落叶期	25	15	10

2. 光照

钟海霞等采用TPS-2光合仪，测定日光温室内无花果叶片的光合作用，研究表明，'金傲芬'光合性能最优，'美娜亚''青皮''布兰瑞克'和'新疆早黄'光合性能次之，'日本紫果'的综合光合性能较差。'布兰瑞克''金傲芬'2个品种较耐弱光。综合比较认为，'金傲芬''布兰瑞克'适合在新疆和田日光温室栽培。

总之，无花果喜光，应注意控制栽植密度和合理修剪，选用透光性好的棚膜，并保持洁净，以改善光照条件，确保无花果正常生长发育。

3. 土壤

无花果适应性强，对土壤等立地条件要求比较宽泛。在地势平坦的土地，选择无污染、干燥、肥沃的壤土为好，避开黏重易涝的地块及前茬是桑、桃的苗圃地，种植前要进行土壤消毒。

第四节　无花果花果管理

一、疏果

无花果基本不用疏果，但进入秋季后，随着枝条生长长出的果实不能正常成熟，为了减少养分消耗，应及早进行摘心以控制生长。

二、戴帽管理

温室无花果果实成熟期多在7～9月，由于温度较高，加之果实成熟时果目开张，常引起果蝇大量繁殖。观察发现，有果蝇钻入的果实，烂果率较高，甚至接近100%。因此，张力飞等开发了"果实戴帽管理"方案，在果实膨大后期给果实带上自制的报纸帽，果实成熟时戴帽采收，解决了果蝇为害的问题。

三、采收与保鲜

温室内无花果从7月初到10月底陆续成熟，低节位果实先成熟。从颜色上看，果实由深绿色逐渐变为本品种成熟的颜色，果实变软，果味浓郁芳香，风味最佳。采收过早，果皮着色差，鲜食口感和风味不足（图2-7，图2-8）。

图2-7　过早采收的　　　　　图2-8　鲜食口感、风味不足的
　　　'麦司依陶芬'　　　　　　　　　'麦司依陶芬'

无花果的成熟期也可以分为绿熟期、黄熟期和完熟期。绿熟期是7～8分成熟，果实黄绿色，质地较硬，风味淡，甜度低；黄熟期是8～9分成熟，果皮颜色逐渐变黄，绿色褪去，具有典型风味，质地较硬，甜度较高；完熟期是9～10分成熟，果皮完全上色，绿色完全褪去，出现明显的网纹，果顶上的小孔渐渐裂开，风味浓郁，质地柔软，甜度很高。

采收最好在早晨进行，采收时戴硅胶手套，将果实连同果柄一起摘下，轻拿轻放，防止破皮、裂果。采后的果实放在礼品盒内。由于果实较软，盛果容器规格不要太大，只摆放一层果。为防止挤压，果实之间要用包装纸等隔开。

无花果采后极易软化、褐变和腐败，常温条件下只能保存1天，很难长途运销；普通冷藏条件下（通常为−1～0℃），使用特殊包装材料，可延长至1周左右；如果采用气调贮藏，可延长至3周左右。无花果的果实呼吸作用属非跃变型，没有高峰值。促发无花果果实腐烂的原因就是含糖量高，表皮易被微生物侵染。研究显示，0.5%柠檬酸溶液、0.2%抗坏血酸溶液、0.2%氯化钙溶液浸泡20min处理后，可以较好地保持无花果的色泽和硬度。

张晓娜等使用1-甲基环丙烯（1-MCP）处理无花果，25天的贮藏期中，浓度为1.5μL/L处理效果最佳，可以有效地抑制果实呼吸速率和乙烯释放，提高抗氧化酶（CAT、SOD、POD）的活性，并且抑制丙二醛含量上升。使用臭氧处理无花果后，浓度为12.84mg/ m³时效果最佳。杜佳铭等研究表明，使用1.5μL/L 1-MCP处理无花果，可有效延缓衰老，延长低温货架期，使用1-MCP复合PE包装处理，可有效保证无花果的贮运品质。

第五节　无花果其他管理

一、栽植

无花果温室栽培的苗木栽植可提早进行，即落叶休眠后的12月份即可定植。温室定植密度可根据整枝方式、设施类型等确定。南北行栽植，一般栽植株行距为1m×（2～3）m。栽植时深挖穴，深度达0.6～0.8m，底部施入50kg农家肥作基肥，并与表土充分混匀。种苗修剪根系，用生根粉蘸根后放入，根系向四周舒展，然后回填土，踩实，浇足定植水，根颈培土稍高于地面，之后用1.2m幅宽的地膜覆盖树盘。

栽植后要对苗木进行定干。定干高度除了考虑预选定的树形外，还要考虑日光温室南（前）低北（后）高的棚形，形成一定梯度，以适应棚内的空间和合理利用光照。

二、育苗技术

无花果苗木繁育的常用方法是硬枝扦插。

1. 插条的选择与贮藏

通常在秋季落叶后或早春树液流动前剪取插条。插条宜选生长健壮、组织充实的1年生枝或2年生枝，叶芽饱满，粗度在1cm以上。将插条剪成长20cm，每50条或100条捆成一束。秋季采条应埋土越冬，春季采条可随采插。贮藏过程始终保持土壤湿度，防止插条抽干和发霉腐烂。

2. 扦插的时间和方法

无花果的扦插一般分为春插。露地春插多在3月前后进行，在温室中可提早至1月份进行。插床做好后，床面覆膜以增加地温，保持土壤湿度，防止杂草生长（图2-9）。

插条截成15cm左右长、带2～3个芽、上端离芽1cm平剪，下端在

图2-9
利用温室前底角空间扦插
的无花果苗

节上或芽下斜剪，插前用 ABT 生根粉溶液 100mg/L 浸泡 20～30min，或将插条基部浸入 1000～2000mg/L 的萘乙酸或吲哚丁酸溶液中，处理 2～3min，取出阴干后即可直接插入苗床。

苗床扦插密度掌握在株距 20cm 左右，行距 55cm 左右。插条最上端一个芽微露地膜上方，其余部分都插入基质中。插时先用与插条粗度相近的棍扎破薄膜，再插入插条，以防插条基部剪口将薄膜带入影响发根。

插条随采随插。扦插后土温控制在 25℃左右，相对湿度 85% 以上，但不能积水。此法扦插当年即可出圃，生长高度可达 1m 以上，地径超过 1cm。

3. 苗期管理

无花果扦插后，前期以保湿增温、促壮苗早发芽为中心，并及时松土，防止土壤板结。当长到 2～3 片叶时，追施苗肥 1～2 次，每亩施用尿素 5kg 深施，以促进幼苗生长。进入夏季时，幼苗生长旺盛，对肥水需要量大，应追肥 2～3 次，氮、磷、钾肥配合施用。同时及时抗旱。追肥要在 7 月底结束，过迟，会造成顶梢生长过旺，不耐寒，春季容易枯梢，影响苗木质量。

马娜等在插条新梢长至 20cm 时叶面喷施 0.05～0.2mg/kg 的 5-氨基乙酰丙酸（5-ALA），可以促进苗木生长，提高成活率。是因为其提高了植物抗氧化系统活性，提高了叶片光合能力，同时能减弱高温对无花果的胁迫。

三、土肥水管理

由于无花果树的根多分布于浅土层，在日光温室中栽培时，适当深翻和培土有利于引导根系深扎。同时，加强松土除草，以增强根系的吸收机能。

据测定，无花果植株以钙的吸收量为最多，氮、钾次之，磷较少，钙、氮、钾、磷的比例为 1.43∶1.00∶0.90∶0.30。因此，应特别注意钾、钙的施用。氮、磷、钾三要素的配比，幼树以 1.0∶0.5∶0.7 为好；成年树以 1.00∶0.75∶1.00 为宜。基肥以有机肥为佳，一般在落叶前后施用。在株间或行间开 30cm 深的条沟，每株施入 20kg 厩肥。生长季节每年追肥（土施或叶面喷施）5～6 次。生长前期以氮肥为主，后期果实成熟期间以磷、钾肥为主，并补充钙肥，土施、叶喷均可。

张力飞等利用复合菌剂处理猪场沼液，自无花果现蕾后，每2周施用一次，每行（约6m长）每次25kg，比对照收获了更高的产量和品质。用发酵菌剂也收获了类似的效果。

无花果根系发达，比较抗旱，但因叶片大，枝叶生长旺，水分蒸发量大，故需水量多。无花果一次灌水不宜过多，尤其是果实成熟采收期，避免土壤干湿度变化过大，以免导致裂果增多，应始终保持稳定适宜的土壤湿度，减少裂果。无花果主要的需水期是发芽期、新梢速长期和果实生长发育期。升温前灌足水分。地膜覆盖保墒；发芽至展叶期，每隔10天，在树冠下喷水一次。果实膨大期，需要足够的水分，每隔7天，在树冠下灌水一次；收获期，适量减少灌水，7～10天浇水1次，但灌水不宜过多，以浸透根系层为度。每次浇水后须浅耕、松土。

丘志海在广东梅州市对'陶芬''波姬红''青皮''日本紫果'和'丰产黄'5个品种，进行了设施栽培，裂果率和裂果程度明显降低，裂果最重的'日本紫果'也由56%下降到11.5%，'青皮'裂果率从22%下降到3.5%。最大的贡献就在于防降水，减少了由于降雨造成的墒情不稳，使土壤含水量处于可控的适宜范围，从而减少了裂果发生。

无花果使用多效唑处理后，可以明显缩短节间长度，使结果紧凑，结果量增加（图2-10）。

图2-10　无花果使用多效唑处理效果

四、修剪

无花果喜光，生产中主要采用的树形有丛状形、开心形（图2-11）、纺锤形和"V"形（也称"Y"形）。张力飞等研究表明，东西向的"一"字形在光照分布上不如南北向的理想，而圆柱形虽然结果潜力明显高于

"一"字形整形（图2-12～图2-14），但单株管理容易上强下弱，需要工作人员掌握的技术难度较高，因此推荐使用"V"形。

丛状形树冠比较矮小，无主干，呈丛生状态。幼树结果母枝直接从基部抽生，成年树由结果母枝演变而来的主枝抽生结果枝，结果后转为新的结果母枝，抽生部位较低。

图2-11　三主枝开心形整形

图2-12　修剪后的改良南北向"一"字形

图2-13　改良南北向"一"字形结果状

图2-14
南北向"一"字形整形侧面

开心形与丛状形相似，留一段主干，在主干上分生5～6个主枝。

纺锤形树冠比较高大，适合于每行的最后一株树。幼树培养注意中心干的优势地位，可立干支撑。

推荐采用"V"形整形，相对而言，比较容易成型，修剪技术简单。"V"形可留有一段主干，比较矮，通常低于50cm，春季发芽后，选留一定的发芽一致的新梢，其余新梢抹除，按照每个新梢间距20～30cm的数量选留后，在2m高南北向，树行上方拉两道铁丝或包塑丝，间距1.2～1.5m，将新梢拉成"V"形，扶上两侧拉丝。在高于拉丝20cm，或者新梢上果实数量达到要求后就可以摘心控长了（图2-15），摘心后顶端萌发的枝条留1～2片叶反复摘心控制整体树高，否则处理不及时，不仅徒长浪费营养，而且遮挡光照，使内膛通风透光恶化（图2-16）。全年的果实都在新梢的生长过程中，陆续在叶腋中形成。日光温室中，南北向拉的铁丝由于要横过靠近后墙的路，虽然高度在1.8～2m高，但是对于物资进出也有阻碍，人进出也有视线上的不舒适，因此可通过结绳的方式使路上方的空间升高（图2-17），又由于绳子是软的，每行上方两根铁丝间的距离不稳定，可通过刚性的铁管加以固定（图2-18，图2-19）。在原来为开心形的树形也可以很快改为"V"形，即把原有的开心形几个主枝留30～40cm截断，使其重新发枝，并选留当年的结果枝，由于行内植株较少，可以补植一部分苗木，使其满足"V"形结果枝的数量及空间摆布的要求（图2-20）。

冬剪时在维持树体结构的原则下，应采用短截修剪，即对结果母枝采取留2～3个隐芽重短截，防止结果母枝上移（图2-21）。同时疏除枯枝、

图2-15 "V"形整形摘心控长

图2-16 "V"形整形顶枝处理不及时

图2-18　使用铁管固定拉丝间距离

图2-17　温室道路上方通过结绳提升空间

图2-19　每行上方使用铁管固定搭架拉丝间距离

图2-20
无花果开心形改"V"形

图2-21
冬季修剪后的萌发状态

病虫枝及扰乱树形的枝条，以稳定树体结构和树冠大小。总体原则，丛状形、开心形，主枝个数为5～6个；纺锤形主枝个数为9个左右；"V"形，一般依据品种叶片的大小，控制每侧相邻两个枝条间距离即可，通常应保持在20～30cm，比如株距为1m的，每株每侧可留4～5个结果枝（图2-22）。随着结果枝的生长，70～80cm高时，可以使用撕裂膜、尼龙绳或麻绳引绑，使其呈现"V"形生长，并分布均匀，避免相互遮光（图2-23）。叶片大的品种可适当加大间距，叶片小的品种可适当减少间距，这样既不至于枝叶密度过大影响果实品质，又不至于叶片过于稀疏影响产量。

图2-22 每株选留生长势较
一致的结果枝8～10个

图2-23 结果枝引绑

生长期修剪主要是抹芽、疏枝、摘心、副梢处理和拉枝。无花果萌芽后，及时去除根蘖，抹除过多萌芽。一般情况下，丛状形、开心形树体每个主枝上保留2～3个新梢，纺锤形每个主枝上保留1个新梢，即保证每株树有8～12个新梢。当新梢长至80cm时拉枝，将新梢引向两侧，角度在45°左右。及时疏除副梢。当新梢上长出10～15个幼果，或新梢长度已达1.8m，为控制旺长，提早成熟，提高产量，进行摘心处理。除顶端2个副梢保留外，其余副梢应及时抹除，以保持良好的通风透光条件。

对生长旺盛的结果枝，或着生结果枝的结果母枝进行环剥，可以提高产量，并有促进果实提早成熟的影响。张力飞等研究表明，在主枝上环剥可以提高产量达30%。具体做法是在6月下旬，选结果枝粗度超过2cm时，进行环剥。

五、间作

在升温后到萌芽约需40天时间，萌芽后到新梢生长到一定高度仍需要很长时间，而且果实要到6月下旬开始成熟，这期间可以在行间进行间作，比如2个月左右成熟收割的叶菜类蔬菜、食用菌等（图2-24）。大连慧利农业专业合作社于2021年秋冬季节在无花果温室内试验间作套种了蘑菇'松茸'，取得了成功（图2-25，图2-26）。

图2-24　在行内复种的蔬菜

图2-25　无花果套种蘑菇

图2-26　无花果套种蘑菇出菇

六、病虫害等管理

① 炭疽病。可危害叶片和果实。叶片产生近圆形到不规则褐色斑，边缘色较深。果面上产生圆形褐色斑，斑块凹陷，斑块四周黑褐色，颜色深，病斑扩展后，果实软腐直到腐烂，有时干缩形成僵果。空气湿度大，加重危害。因此要保持果园通风透光，降低空气湿度，及时清除落叶、落果等，休眠期可喷施3～5波美度的石硫合剂，生长季节可喷施70%百菌清可湿性粉剂800倍液或600倍的80%福·福锌可湿性粉剂。

② 枝枯病。主要发生在主干和大枝上。发病初期不易发现，病部稍凹陷，有米粒大小的胶点，逐渐变为紫红色病斑，椭圆形凹陷。以后随着胶点增多，渐变为褐色、棕色和黑色。树皮组织腐烂、湿润有酒糟味，可

深达木质部，后期干缩凹陷，表面密生黑色小粒。在日光温室靠近南面或冷棚栽培时，往往由于冻害发生而出现。

③ 灰霉病。温室中高温、枝叶郁闭、空气湿度大，就容易发生果实的灰霉病，通风透光、降低空气湿度，避免高温等栽培措施就可以避免灰霉病的发生（图2-27）。一旦发现病果，要及时摘除，减少病源。

图2-27　无花果灰霉病果实

④ 根结线虫。危害根系的幼根组织，使根系鼓胀成糖葫芦状（图2-28），根系生长受阻，导致植株矮小，叶片黄化脱落等症状。线虫主要是土传播，随着苗木传播，其外水流、鸟类也可以传播线虫。无花果的盆栽中出现根结线虫后，影响较大，地栽的影响较小。使用噻唑膦、辛硫磷、阿维菌素浇灌根

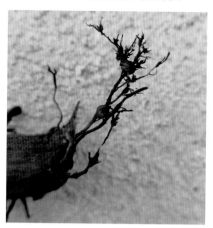

图2-28　无花果根结线虫危害状

系，有一定的防治效果，由于其虫卵存活周期长，需要多次用药，每两周用药一次，连续用药3次以上。症状减轻后，也要定期预防。

⑤ 红蜘蛛。当日光温室没有雨水直接冲刷叶面时，伴随着春夏光照强烈，高温且空气干燥，红蜘蛛极易危害和泛滥。主要在叶背危害，严重时部分失绿变褐。冬季要做好清园工作，生长季节可以喷施1%甲氨基阿维菌素乳油3000～5000倍液，16.8%阿维·三唑锡可湿性粉剂1500倍液等。

⑥ 介壳虫。危害往往起初不太容易被发现，一旦发现了就要立即用药，因为介壳虫的繁殖速度很快，大面积发生后也很难防治（图2-29，图2-30）。落叶回伐后，喷布石硫合剂能够较好防治介壳虫，生长季节可用吡虫啉、噻嗪酮等来防治，发现后尽早用药是关键。

图2-29 介壳虫危害
无花果（1）

图2-30 介壳虫危害
无花果（2）

⑦ 果蝇。一旦发生，其患无穷。果蝇出现后，果实持续成熟，不但不能喷施农药，反而为其提供了优质食物，因此要密切关注果实的成熟度，一旦成熟就要采摘，出现烂果，第一时间用土掩埋，同时要准备一些糖醋酒液进行诱杀（图2-31）。诱杀容器可选择矿泉水瓶，在瓶上用针扎一些直径1mm左右的小孔，使其能够被引诱进入，而难以再次出来，达到诱杀的效果。倘若一时失控，果蝇量剧增，只能人工捕杀，张力飞教授使用了黄色粘虫板制作成简易的人工粘虫板，在果蝇聚集出现的地方，可以迅速捕杀大量成虫，大大减少虫口密度（图2-32，图2-33）。但大面积生产似乎难以应用。

此外，褐腐病、蓟马、桑天牛也时有发生，应注意虫情测报，鸟的危

图2-31 果蝇危害无花果

图2-32 人工
粘虫板

图2-33 人工粘
虫板捕捉果蝇

害也相当严重，需及时防治与驱赶或增设防鸟网（图2-34）。夏季温度过高也会引起日灼，造成叶片枯死，应及时撤掉塑料薄膜（图2-35）。

图2-34　被鸟啄食的　　　　　　图2-35　高温引起的日灼
　　　　成熟果实

参考文献

[1] 张力飞，赵希彦，刘衍芬，等.不同微生物菌剂处理的猪场沼液在温室无花果上的应用 [J].北方园艺，2015(10): 147-149.

[2] 张力飞，王国东.无花果玛斯义·陶芬在辽宁熊岳的温室栽培试验 [J].中国果树，2003(4): 59.

[3] 王国东，张力飞.北方日光温室无花果丰产栽培技术 [J].果农之友，2003(9): 21-22.

[4] 王敬斌，蒋锦标，王涌，等.无花果温室栽培技术 [J].北方果树，2002(1): 15-16.

[5] 蒋锦标，王涌，才丰.绿色食品无花果温室栽培技术探讨 [J].辽宁农业职业技术学院学报，2004(4): 1-3.

[6] 任晓东，张力飞，马文秋.单氰胺对温室无花果的促进作用 [J].辽宁农业职业技术学院学报，2015,17(2): 13+37.

[7] 王海荣，李国田，曲健禄.无花果常见病虫害的发生与防治 [J].落叶果树，2016,48(6): 45-46.

[8] 马骏，孙宝亚，关文强，等.阿图什无花果贮藏保鲜试验初报 [J].保鲜与加工，2009,9(2): 48-50.

[9] 张晓娜.1-MCP和臭氧处理对无花果贮藏生理及品质的影响 [D].保定：河北农业大学，2011.

[10] 王雯慧.小小甜蜜果健康新产业 —— 我国无花果产业现状 [J].中国农村科技，2022(7): 45-48.

［11］杜佳铭，谷诗雨，杨永佳，等.1-MCP复合MAP包装对无花果贮藏品质的影响［J］.包装工程，2022,43(7): 11-17.

［12］丘志海.南方无花果设施栽培技术试验与应用［J］.中国热带农业，2019(3): 53-55.

［13］黄承前，胡果生，陈鄂，等.无花果根系生长特性观测［J］.湖南林业科技，1996(2): 40-41.

［14］马娜，齐琳，高晶晶，等.5-ALA对高温下无花果扦插幼苗的生长及叶片叶绿素荧光特性的影响［J］.南京农业大学学报，2015,38(4): 546-553.

［15］钟海霞，孟阿静，丁祥，等.日光温室无花果生长和叶片光合性能分析［J］.新疆农业科学，2022,59(4): 891-899.

［16］姜勇，王允虎，薄艳红，等.不同品种无花果TPA质构特性分析［J］.山东农业科学，2018,50(10): 52-56.

［17］古丽尼沙·卡斯木，木合塔尔·扎热，古再丽努尔·沙吾提，等.11个引进无花果品种抗寒性研究［J］.西北林学院学报，2018,33(3): 98-105.

［18］孙锐，孙蕾，马金辉，等.不同成熟度无花果品质指标的变化分析［J］.经济林研究，2017, 35(2): 32-37.

第三章

桑葚设施栽培

桑葚早果性强，果实采收期长，且绿叶红果相映成趣，具有"黑紫殷红缀满枝"的品相。全国各地的桑葚采摘园不胜枚举，长期以来都是农民脱贫致富的一个特色产业。桑是桑科（Moraceae）桑属（Morus）植物，以产果为主，果实中富含多种糖、酸、脂类、氨基酸、维生素、矿物质等营养成分，以及白藜芦醇、花青素、芦丁、黄酮、生物碱等多种生物活性成分，能够增强免疫力、补硒、抗衰老、促进造血细胞生长、清热、降低血糖、降低血脂、抵抗诱变、护肝养肾、利水消肿，具有安神解酒、美容养颜等功效，是卫计委确定的首批"既是食品又是药品"的农产品之一。桑葚种植投资低、周期短（图3-1～图3-3）、效益好，是农业产业结构调整，供给侧改革的优选项目。宁德鲁等采用株行距1m×1m，取得了密植早丰的喜人成果，第一年栽植，第二年单株产量达1108.8g，亩产达到738.5kg。我国蚕桑文化源远流长，内涵极其丰富，也是中西方文明交流的重要载体，但北方人们对此接触较少。北方日光温室打造了丰富的温热资源，由于最终仅利用桑葚果实，大量的叶片徒长无益，而且还增大了修剪、处置的工作量，因此温热资源有待加以合理利用。北方设施配套养蚕，蚕丝制品文化观摩与参与，让北方的孩子也能近距离接触蚕桑丝绸文化，既有市场需求，也是大国文化自信的体现。

图3-1 当年定植桑葚结果

图3-2 当年定植桑葚基部分枝结果

图3-3 盆栽桑葚

第一节 桑葚生长结果习性

一、根系生长习性

桑葚根系大多分布在10～40cm土层，翻耕时切断根系可以促进再生。通常在每个季节都要进行中耕松土，一般10cm深，一是切断部分根系促进根系生长，二是保墒和去除杂草。注意在树干附近中耕时，要浅些，5cm深即可。

桑葚的枝条生根能力强，储一宁等报道采集的桑葚野生资源枝条，不经任何激素处理，仅对伤口消毒后扦插，66份资源中58份能够生根成活，未成活的8个分析原因也是因为采集过程中枝条水分损失过多而死亡。莫荣利等在武汉8～9月的高温季节移栽桑葚大树，最低成活率为46.2%，而'紫晶'和'粤葚大10'栽植成活率达到100%和97.1%,可见桑葚根系的再生能力很强。另外,桑葚的修剪方式称为"伐",地上地下的生长平衡被严重打破,年复一年仍然能够正常生长、开花结实,可见桑葚根系的再生能力很强,根系功能表现出了较其他植物的强悍。

二、枝叶生长习性

桑葚的新梢生长快速,顶端优势强,常常不分枝,因此在培养结果枝需要分枝时,要对其进行摘心和反复摘心,尤其是幼树期,如果摘心不够,只生长几个长枝条,结果单位明显不足,影响来年产量。桑葚年生长量大,种植后当年即可长满温室(图3-4～图3-6)。

图3-4
当年种植的长桑葚
6月份状态

图3-5
当年种植的长桑葚
9月份状态

图3-6　当年种植桑葚9月份修剪后的状态

三、开花结果习性

储一宁等调查云南野生长桑葚资源，认为长桑葚的花芽形成需要经过春化过程，冬季低温刺激强则花芽多。而'台湾长桑葚'却能够一年多次开花坐果，形成经济产量，是否通过低温处理还能够增加产量有待进一步研究。除此之外也有一些能够一年结两次果的品种类型，如于洁等培育的'桑梓1号'具有一年两次结果习性，其中夏季产量（第二次结果）约为春季产量的15%。但通常情况下，桑葚的花芽分化充分，花量大，果量大（图3-7，图3-8）。

图3-7　温室中'粤葚大10'开花状

图3-8　'粤葚大10'的雌蕊

四、果实发育特性

果实坐果后，一般可以分为
青果期、色变期、红果期、初熟
期和完熟期5个时期。刘岩等研究
了不同长桑葚品种的果实落果
动态，发现7个品种中成熟前落
果率在44.19%～100%，其中
'长桑葚Chu-8''长桑葚Chu-9'

图3-9 '台湾长桑葚'
陆续成熟

'A47''A64'落果早，落果率高达100%，果实未膨大成熟即脱落。'长
桑葚Chu-1'落果率最低，成熟果口感香甜。'台湾长桑葚'可以坚持到
果实成熟，但落果程度也比较重，可适当提前采收。'台湾长桑葚'一般
每批果实采收期可以到达一个半月到两个月，因此要做好分批采收（图3-9）。

第二节　桑葚生产概况与品种选择

一、生产概况

中国是桑树的重要种质资源起源中心之一，目前已收集整理3000余
份，全世界收集保存超过7000份。我国有40余万亩桑树种植面积，其
中四川省位居全国第一，大约25万亩。云南省桑树野生资源丰富，分
布有长桑葚、白桑、鸡桑、川桑、颠桑等种类，长桑葚原产于我国、马
来西亚等地，在云南分布较广，果实成熟期在3月底到5月初，桑葚长
7～15cm，直径0.5～1.3cm，黄绿色、粉红色到紫红色都有，味极甜。
'台湾长桑葚'定植当年就能见果，每年可以采摘3～4批，采果时间长，
通过修剪调解和温控调解，多个棚室协同管理，可以实现周年供应鲜果。
桑树种植管理相对简单，投产快，经济效益高，近些年来种植面积正在逐
年快速增长，北方日光温室发展也正在进入快车道。

二、品种选择

目前在东北日光温室中栽培的桑葚主要是两种，一是'粤葚大10'，二是'台湾长桑葚'，品种结构单一问题较为突出，有待广泛筛选适于设施栽培的果用品种。

'粤葚大10'，叶片长18cm，宽14cm，心形，萌芽率较高，极易形成花芽，结果枝率高。成熟果实紫黑色，长筒形，可溶性固形物含量15.6%，优质、丰产、抗旱、耐瘠薄，果叶两用品种。郭君鑫等介绍浙江1993年开始从广东省引进桑葚进行商品化生产，2009年达到1344hm²，2021年稳定在1100hm²左右，其中主要品种是优势突出的'粤葚大10'（还有少量的'白玉王''红果2号''红果3号''桂花蜜'等），但认为'粤葚大10'易感桑葚菌核病，果实成熟期的低温多湿利于该病的发生，因此在设施中栽培应注意此期环境温湿度的调控。

'台湾长桑葚'，又名超级桑葚、紫金蜜桑，是水果型的桑树品种。'台湾长桑葚'是由专家将大桑葚和其他几种野生长桑葚经过多次授粉改良后培育的优良品种，果实长、形态奇特，满足了人们猎奇心理的同时，还具有总糖含量高、有机酸含量低、糖酸比高、口感佳、口味清香的特点，深受广大消费者的喜爱。'台湾长桑葚'喜光喜温，冬季在-10℃左右也能存活，在2～40℃的温度范围内，正常生长、开花、结实。抗菌核病能力强，但果实完全成熟前落果率较高，要适当成熟后提早采摘，防止落果严重。果实长8～12cm，最长达到20cm，粗1.2cm左右，单果重5～15g，最大20g，可溶性固形物可达20%，由于含酸量低，糖酸比高，在没有完全成熟时口感就很甜，甚至刚一转色就很甜了（图3-10）。果实成熟快，开花后20天就可以采摘，从粉红色到紫黑色都可以采摘食用。粉红色果实有一定硬度，可以冷链长途运输。在日光温室中，可以通过修剪、摘叶等处理，实现一年多次结果。

图3-10 '台湾长桑葚'果实转色

代洁等介绍，四川采用早中晚熟品种合理搭配，果实成熟期可以延长10～15天。选用的早熟品种以'粤葚大10'为主；中熟品种以'嘉陵30号''蜀葚1号'和'川凉桑2号'为代表；晚熟品种以'红果2号'为代表。据储一宁等介绍，他们调查了云南省的野生长桑葚资源113份，其中66份开雌花结实并且多分布在海拔较高的位置。这些长桑葚资源与品种桑可以嫁接成活，87.9%的资源不经生根药剂处理也能扦插成活。其中最大的单株生长在海拔1600m，树高30m，占地面积近1亩，主干直径2.6m。

李勋兰等通过对35份桑葚资源果实性状（颜色、单果重、纵径、横径、果形指数、可溶性固形物含量、总酸、固酸比、总糖、维生素C、花色苷、总黄酮、总酚含量）分析，得出结论：A3、A4、A5和B1为品质优良的桑葚资源，其中A5单果质量，A4、B1、'一串红'和'长果1号'果实中可溶性固形物含量，B1总糖含量以及A3和A4果实中花色苷含量、总酚含量和总黄酮含量远高于其他材料（A和B的代号资源为野生资源）。

刘培刚等用主成分分析法对比了浙江主栽的8个品种，认为'台湾长桑葚'、'109'和'粤葚大10'排名靠前。而白色果系的'红玛瑙'和'桂花蜜'排名后2位。

除了果实鲜食外，桑葚果实的深度开发利用也逐渐受到人们的重视，贾漫丽等在河北对9个桑葚品种的营养、香气和抗氧化活性进行了研究，发现品种之间差异显著，含有脂类、醛类、酸类、醇类和酮类的59种香气化合物，最多的品种是'东光大白'，含有36种香气物质。结合营养和抗氧化活性，综合看来，'蒙桑'表现最优，其次是'白玉王'和'安葚'，适宜深度开发。

在北方日光温室中除早熟的'粤葚大10'与'台湾长桑葚'外，其他中晚熟品种及国内的长桑葚及其他桑葚种类尚未引入，这些宝贵的资源有待进一步开发，北方设施栽培急需积极引进不同的资源，丰富现有品种，探索这些资源的开发路径，因此北方日光温室桑葚产业多元化和健康发展尚有许多工作亟待完成。

第三节　桑葚设施环境调控

一、设施选择

徐璐珊等报道，在浙江金华市'台湾长桑葚'露地种植极易遭受冬季短期冻害而严重减产，因此宜选用大棚种植，并在大棚内增设密度较高的微喷系统，确保在低温期不降至0℃以下。同时大棚栽培使桑葚的物候期较露地提早一周左右，如果促早栽培，尚有很大空间可以提早成熟。2月15日萌芽，2月底初花，3月底见熟，4月10日盛熟，5月17日采摘完成。

在辽宁的日光温室中栽培，'台湾长桑葚'一年可以完成萌芽、开花、果实成熟、花芽分化、修剪3～4次循环，也就是可以成熟3～4批果实。因此要想采摘多批次的果实，就需要采光和保温条件好的日光温室，如果温室条件差一些也没关系，正好可以利用冬季最冷的时候，让长桑葚减少一次循环，自然落叶后进行一次休息。桑葚的树高可以通过修剪来控制，但高大的温室，足够的生长空间不仅有利于产量的提升，也有助于优质桑葚的生产，管理也更方便。

桑葚的果实多，容易受风的影响，大风来时往往造成落果，即便是日光温室栽培，室外大风时，风口打开的情况下也容易造成落果，因此设施建设时就要考虑风的情况，避开风口地区。

二、环境管理

1. 温度

'台湾长桑葚'喜温，能耐−2℃的低温，在−2～40℃的温度范围都能生长。陈乐阳等报道，在浙江省金华市武义县桑葚种植中，常因低温发生冻害，在大棚中设置井水微喷雾系统可以使温度始终保持在0℃以上，避免冻害发生。具体做法是：在株行距为0.8m×1.8m的种植密度条件下，每3行铺设1条喷水管时，在外界-6～-5℃时，可保持棚内温度0℃以上；每1行铺设1条喷水管时，在外界-10～-9℃时，可保持棚内温度0℃以上，保温防冻效果明显，有效避免了芽叶冻害发生。在天气预报有冷空气时，提前2h打开喷雾水泵喷雾，一般是下午3时～4时打开，第二天上午8时～9时，冷空气解除后关闭即可。

江靖等对云南长桑葚资源考察时以滇西和滇南发现的资源多，这些地区是云南热量资源比较丰富，盛产甘蔗及各种热带经济作物的地方，因此说明丰富的热量资源是长桑葚的重要生态条件之一。

2. 光照

桑葚喜光，生产上要注意合理分配枝条密度，不可过密，及时摘心，避免上强下弱。在温室栽培中，要注意上部枝条的疏除，打开光路，不然上部枝条生长过旺，像一把伞一样盖在树体上，下部和内膛光照恶化，花芽形成不良，枝条细弱，严重影响结果。徐璐珊等研究棚架式栽培桑葚，采用单层叶幕，完全解决了光照和通风的问题，可以应用在长廊等地方。

3. 水分

桑葚根系分布浅，抗旱能力差，要注重对水分的管理，确保在萌芽期、幼果期、果实膨大期和果实成熟期土壤湿润不缺水。江靖等在介绍长桑葚与云南气候一文中写道，在云南不同的地区，不同的民族群众对长桑葚都冠有不同的俗名，如绿枝马桑、糖桑、黄桑和水桑等，其中水桑是因为其多生长在山峦沟中以及山坡、山脚或平坝的水沟边而得名，较好的水湿条件是长桑葚生存的一个重要生态条件。因此说明长桑葚喜水，喜湿。但在浙江一带栽培中，雨水过多，易引起病害等，说明也不耐涝。

4. 土壤

桑葚对土壤要求不严，在众多地区均可种植。选择土壤肥沃、土层深厚、排灌条件良好的地块，有利于桑葚产量提高。由于桑葚为小浆果的聚合果，怕碰，不耐贮藏运输，因此要选择交通方便的地方，宜选择在城市周边，方便游客采摘。

第四节 桑葚花果管理

一、花期管理

桑葚开花后，设施内通风情况差时，花柱不易脱落（图3-11），因此在浙江采用一种顶膜可以完全打开的大棚，在北方日光温室，可以增设风机，增加温室内的空气流动，确保桑葚花柱的自然脱落，保障果实色泽和外观洁净。

二、落果

桑葚容易结果过多，如果营养不够，常常在转色过程中开始大量落果，栽培中'台湾长桑葚'就具有转色后开始落果的习性，因此要注重树体营养的集聚，并控制新梢生长与开花坐果间的平衡。'台湾长桑葚'口感甜，也可以提早采摘上市。

乙烯是果实脱落过程的最后一步效应子，它激活水解酶的转录，引起离层细胞壁溶解。刘岩等研究表明易落果的三个长桑葚品种，果柄离层的乙烯含量高于落果轻的品种，幼果中脱落酸含量也有类似的差异，不利于幼果的坐果（图3-12）。

图3-11 花柱不易脱落

图3-12 长桑葚落果

'粤葚大10'花青素含量高，大量落果或者正常落果，都容易将地面"涂鸦"，并且在落果上滋生霉菌、病菌等，因此要及时清理落果。

三、支撑

桑葚产量比较高时，往往因为果实重量过大结果枝开始下坠，桑树枝条坚韧性和颤弹性强，不易折，但上下重叠大大降低果实产量和品质，需要及时进行支撑，在日光温室中南北拉钢丝或包塑丝，在果实量大的枝条上方及时吊枝。

四、采收

'粤葚大10'的果实要生长到黑色，鲜食口感才好，'台湾长桑葚'由绿色开始转红色就可以采摘了。由于果实容易破损，需轻拿轻放，用小盒分装，并迅速打冷，通常要求冷链运销。如果是采摘园，最好配备冰盒或冷盒，使果实离开树体即进入冷鲜状态，保证新鲜度和口感，提升消费者的满意度。

第五节 桑葚其他管理

一、栽植

设施内栽植桑葚，可选用株行距（0.8～1.5）m×（1.8～3）m的栽植密度，较密的栽植密度适于使用夏伐留拳的修剪方式，较稀的栽植密度适用于留主干的纺锤形整形修剪方式。

定植前按株行距画好线，挖定植沟，沟深80cm，宽50cm，沟底铺一层30cm厚的稻草、玉米秆等增加土壤有机质，上覆20cm左右表土，混入发酵好的鸡粪、猪粪、牛粪等有机肥，回填后灌水沉实，地面干燥不黏时，挖小坑栽苗。选择根系完好的苗木，将根系舒展开，埋土踏实后，浇足定根水，水下渗后覆盖地膜保墒。

栽植后，视苗木情况进行定干，定干高度0.3～1.5m均可。定干高度高时，萌芽抽枝后要控制顶部枝条的长势，适时拉平甚至下垂，促进下部枝条的生长。定干高度低时，要培养一段主干，生长到60cm高时，进行摘心，促进主干的健壮生长。

二、育苗技术

桑葚主要采用无性繁殖方法培育苗木。扦插繁殖宜在春季选择在枝条半木质化时，将枝条剪成10～15cm长，插条上方要有2～3个饱满的芽，留顶端1～2片叶片，并将叶片剪掉一半，减少蒸腾量，插条下方剪成斜面。先用甲基硫菌灵或者百菌清1000倍液浸泡10min左右杀菌消毒，捞出沥干水分后将插条基部斜切口在50mg/kg生根粉溶液中浸泡1min，沥干后插入准备好的育苗床。选用泥炭土、腐熟有机肥（实践中蚯蚓粪效果较好）和河沙按1：1：1混合后，装营养袋，营养袋选用8cm×12cm左右即可，将营养袋整齐摆放在做好的畦子中，周围围堰以便保水，一般宽80cm左右，长度可依据育苗量而定。插条插入营养袋中2/3深，插好后，在畦子中浇水，使水从营养钵底部吸入土壤，水分下沉后，可在营养钵中补充一些营养土。搭盖拱棚遮阳、保湿，根据营养钵内土壤水分情况，定期浇水保持湿润，一般20～30天后开始发根。待长出根系并发芽后，可适当灌0.3%左右的尿素水促进生长，并注意防治白粉病等病害。为了培育大苗，可在生根两周后更换一次较大的营养钵，可提高苗木栽植当年的产量。

莫小锋等使用150mg/kg的ABT生根粉1号、150mg/kg的IBA、50μmol/L的过氧化氢，对'台果72C002'桑葚当年春季抽生的枝条，浸泡1.5h后扦插，均提高了成活率，根系量更大。采用ABT生根粉加过氧化氢处理后的成活率和根系量更大，效果最佳。

三、施肥灌水

桑葚在春季萌芽前和采果修剪后，要浇一次大水。结合秋季基肥的施入要浇一次水，其他时期视桑葚生长情况定期排灌水，尤其在南方地区，由于春夏雨水过多，病害较重，因此要采用避雨设施栽培。也可按照促进生长和控制营养生长的要求对水分进行相应管理。

萌芽期每亩可追施20kg的尿素，促进发芽整齐。果实发育期喷施磷酸二氢钾等叶面肥，促进光合作用，增加营养积累，可以促进果实膨大，糖分积累。果实成熟修剪后结合灌水，要追施礼肥（以有机肥为主），促进发枝和花芽分化。通常以有机肥为主，比如发酵好的牛羊猪粪以及豆饼肥等。

科学施肥是果树优质丰产的基础，有机肥和化肥在种类和用量上配合施用良好，不仅可以改良土壤、培肥地力，还可以改善果实品质。董朝霞等报道，设施桑葚栽培中，减少化肥，增施有机肥和微量元素，提高了土壤有机质和速效氮磷钾含量，土壤微生物碳源利用能力增加，桑葚可溶性糖含量、维生素C含量以及糖酸比都显著提高，可滴定酸含量降低。陈乐阳等报道，施用有机肥加上复合肥（N：P：K=17：17：17或15：15：15）30kg，并添加钾肥和镁肥，桑葚可溶性固形物含量达到14%左右，比仅施用复合肥的10.4%高3～4个百分点。其中复合肥和有机肥在春季2月初，萌芽前后施入作为底肥，或者提早到上年秋季枝叶停长后施入底肥。钾肥、镁肥在青果期施入，有利于促进光合作用和营养物质转运。

‘台湾长桑葚’在北方日光温室可以实现周年生产，每年3～4次结果，因此在每批果实采摘完后，都要追施有机肥加复合肥，促进芽体肥大和花芽分化，待修剪后要追施尿素促进萌芽。因此‘台湾长桑葚’每年多次结果，需要更加细心照顾。

四、‘台湾长桑葚’一年多次结果技术

郭君鑫等介绍，待‘台湾长桑葚’树体结构培养好后，一般是栽植后第三年可以实施一年多次挂果技术。具体做法是：第一次采摘后，结果母枝短截留15～20cm，留2～3个芽（图3-13），施肥并灌溉，可以促进第二次结果；第二次采摘后，在主干新梢生长到50cm处摘心促发分枝，也要补充肥料和水分，可以实现第三次结果；第三次采摘后，结果母枝延长枝继续摘心，可以形成第四次挂果。

在北方日光温室中，温热资源充足，更有利于'台湾长桑葚'的多次结果。在上一次果实采摘完成后，最好经过一个月左右的时间，让树体恢复生长势，待结果枝芽体饱满后，再进行修剪促进萌发，有望提高再次结果的产量。芽体饱满的结果枝可以适当长留，以提高结果量（图3-14）。

图3-13　长桑葚留2～3芽修剪　　　　图3-14　结果枝长留修剪

五、修剪

桑葚的生长量大，如果不及时修剪往往会造成树体高大，长到温室外面去（图3-15），树冠外围的枝条光照好，芽体饱满，等到冬季到来，修剪后发现能留下来的下部和内膛的枝条芽体瘦弱，自然产量品质就难以提升。

图3-15　桑葚长到了
温室外面

图3-16　'台湾长桑葚'使用纺锤形整形

设施中的桑葚依据设施的高度，可以控制相应的干高，比如2～2.5m之间既能保持高的产量，又能便于管理和采果。桑葚的修剪方式有多种，在北方日光温室中，多采用有主干的纺锤形（图3-16，图3-17）、多主干树形栽培（图3-18）等。由于桑葚的顶端优势强，往往会上强下弱，再加上桑葚枝条伸长生长旺盛，枝条太长以后自然下垂，会遮蔽下面的枝叶，更加重了上强下弱的现象（图3-19）。因此在控制上强下弱上需花费大量的精力，但并不容易解决，除了定期疏除上部强旺枝条外，还可对有空间的枝条进行拿枝处理，拿枝时能听到木质部折断的声响，皮层有纵向开裂，属于正常状态（图3-20）。在南方通常采用春季采果后，只留主干进行夏伐定拳（通常留50～60cm高的主干），就是把所有的枝条剪掉，让桑葚在主干的顶部重新发芽生长，然后选留一定量（5～12根，视株距选留）的枝条，这种方法操作简单，容易掌握，但产量上不易达到满产。选定留条后，随着结果枝的生长，需要通过多次摘心才能促进分枝发生，否则结果枝过少，产量不足。徐璐珊等研究认为采果后剪伐时，留下枝条基部自然长出小短枝的2～3cm，从此小短枝

图3-17　纺锤形小主枝结果

图3-18　桑葚多主干栽培

图3-19　桑葚旺盛生长造成
下部光照恶化

图3-20 结果枝拿枝处理

上生长的枝条作为结果枝使用，比夏伐留拳的方式更能显著提升每枝结果数、每芽结果数和提高坐果率，亩产超1400kg。

桑葚萌芽率高，不定芽发生概率也很大，春季萌芽后要及时抹芽，过密的、并生的、瘦弱的都可以及早抹去，减少树体贮藏营养的消耗，促进开花结实。同时控制枝叶生长量和密度，使光照能够进入树膛内部，保障果实品质。在新梢生长，枝叶密度达到要求时，要及时摘心，控制新梢生长，促进枝叶营养中心向花果转移，结果期间一般生长旺盛的枝条，每形成5～6片大叶就可以摘心一次，控制新梢旺长，才有利于营养向果实流动。

夏伐定拳或者纺锤形修剪，都要在果实采收后进行修剪，此时的修剪量较大，夏伐定拳每条结果枝都要在基部留2～3个芽缩回来（图3-21），待长出新芽后及时抹芽，按预定留枝量要求，选留长势较均匀一致的枝条，并使枝条伸向四面八方，均匀分布（图3-22）。纺锤形的修剪结束后，抹芽和选留枝芽很重要，下部的枝条适当要选留强壮一些的，越往上要选留稍弱一点的，并且要提早对上部选留的结果枝进行拉枝和控旺。

图3-21 修剪后的桑葚

图3-22 对夏伐留拳后萌发的结果枝进行短截和摘心

桑葚的生长量很大，经过夏季生长后，树冠容易郁闭，因此秋高气爽的季节，生长势逐渐减弱，生长量逐渐下降的时候，要以疏枝为主，打开光路，控制徒长，均衡调整结果枝状态，减少不必要的持续生长，促进花芽形成，增加叶片的光合有效性，为冬季到来，更多地向树体回流营养做好准备。

桑葚落叶后，进行一次冬季修剪，主要是调整结果枝的长度和密度，剪去病虫枝、弱小枝、并生枝等，为来年春季萌芽后枝叶生长留出一定的空间。

徐璐珊等采用棚架栽培桑葚，行距3.5～4m，株距2～3m，使结果枝均匀分布在棚架上，有利于提高桑葚枝叶的光合效率和通风条件，而且架下空间充裕，方便管理，提高了商品果率。树形要培养高干，定干高度以70～100cm为宜。树体成形后，在150～160cm处留拳或无拳式剪伐，形成每株8～12根结果枝。秋冬季节将枝条压绑上架。

谭立新等为了减少桑葚夏伐后枯桩的发生，使用愈伤涂膜剂和抗菌防霉乳胶漆均有较好的效果，从对照的枯桩发生率26.77%下降到4.38%和6.40%。涂抹时，应避开雨天和早上的露水，除了剪口外，树干不要被涂抹上，以免影响潜伏芽，同时对涂抹不到位的，要在4h内补上，以提高保护率。

六、病虫害等管理

危害桑葚的病害主要有桑葚菌核病、褐斑病、炭疽病、白粉病等。桑葚菌核病，危害果实，要重点防控，在初花期到盛花期进行药剂防治，可选择氟菌·肟菌酯1500倍液对树体和地面喷雾防控，间隔一周连续喷施2～3次。害虫主要有桑尺蠖、桑毛虫、菱纹叶蝉、桑天牛、螨类（图3-23）、蓟马（图3-24，图3-25）和蚜虫，蚂蚁常常和蚜虫共生，帮助

图3-23　螨类危害桑葚

图3-24　蓟马危害桑葚叶片

蚜虫的同时获得蚜虫的分泌物等（图3-26）。每年冬春季节要做好清园工作，将枯枝落叶和剪下的枝条焚烧或结合施肥深埋；萌芽前用3～5波美度的石硫合剂对全园喷洒消毒；7～9月份高温多雨期，每隔10～15天喷洒1次杀虫剂加75%甲基硫菌灵1200倍液或75%百菌清800倍液，以防治桑毛虫、褐斑病等。发现桑天牛危害枝干要及时往蛀孔注药，并人工捕捉成虫。

图3-25　蓟马危害桑葚　　　　图3-26　蚂蚁在桑葚
叶片与健康叶片对比　　　　　　果实上

在桑芽萌发脱苞前，桑园整体要地膜覆盖，可以隔断病菌子囊孢子侵入桑果的花朵，还可以将桑葚浆瘿蚊羽化后的成虫阻隔在地膜内，防止其产卵到桑果中。

代洁等介绍四川地区如桑葚菌核病发病严重，和桑葚浆瘿蚊危害严重，需要进行隔年轮伐，即出现病害的第二年春伐不挂果，只采叶，过一年后再挂果。并且将当年的青果都摘除，这样处理，从根本上切断病虫的传播，从而达到桑果无公害防治的效果。

参考文献

[1] 陈乐阳，王刚，俞超群，等. 桑葚安全生产模式初探［J］. 蚕桑通报，2017,48(3): 43-44.
[2] 徐璐珊，陈乐阳，朱燕，等. 台湾长桑葚栽培技术试验研究［J］. 蚕桑通报，2021,52(3): 27-29+52.

［3］吴松海，郑家祯，张树河，等.台湾长桑葚的扦插繁殖及高产栽培技术［J］.福建农业科技，2019(5): 33-35.

［4］储一宁，李镇刚，吕志强，等.野生长桑葚种质资源考察及繁育技术研究［J］西南农业学报，2013,26(6): 2451-2457.

［5］江靖，罗坤，储一宁.长桑葚的分布与独特的云南气候［J］.中国蚕业，2003(2): 83-84.

［6］代洁，佟万红，黄盖群，等.桑葚优质轻简高效栽培技术［J］.四川蚕业，2022,50(1): 45-46.

［7］李勋兰，魏召新，彭芳芳，等.35份桑葚资源果实品质分析与综合评价［J］.果树学报，2022,39(3): 332-342.

［8］董朝霞，于翠，莫荣利，等.不同施肥和树形处理对设施桑葚果实品质及土壤微生物功能多样性的影响［J］.北方蚕业，2021,42(4): 8-14.

［9］徐璐珊，陈乐阳.桑葚棚架栽培技术［J］.蚕业通报，2021,52(4): 46-47.

［10］谭立新，张明海，郑章云，等.减少台湾长桑葚幼树枯桩的试验初报［J］.蚕学通讯，2021,41(4): 18-21.

［11］王振江，罗国庆，戴凡炜，等.基于8个农艺性状的569份桑葚种质遗传多样性分析［J］.园艺学报，2021,48(12): 2375-2384.

［12］莫荣利，胡兴明，邓文，等.夏季高温条件下桑树大树移栽试验［J］.中国蚕业，2018,39(4): 22-26.

［13］刘岩，林天宝，潘美良，等.不同长桑葚生理性落果规律的调查［J］.蚕桑通报，2021,52(2): 11-15.

［14］于洁，韩智宏，郭俊英，等.桑葚新品种桑梓1号的选育［J］.果树学报，2021,38(10): 1824-1827.

［15］郭君鑫，宋金凤.桑葚栽培与多次结果技术探讨［J］.现代农业科技，2021(22): 69-70.

［16］贾漫丽，李娜，王彬彬，等.9个品种桑果营养、香气成分与抗氧化活性评价［J］.果树学报，2022,39(2): 221-231.

［17］刘培刚，朱燕，徐璐珊，等.浙江主栽桑葚品种品质性状评价［J］.蚕桑通报，2021,52(4): 4-10.

［18］宁德鲁，陆斌.桑葚密植早结高效栽培技术［J］.中国南方果树，2003(5): 45-46.

［19］莫小锋，秦丽萍，文清岚，等.ABT生根粉、IBA和H_2O_2复合处理对台湾桑葚扦插生根的影响［J］.中国南方果树，2018,47(3): 102-106.

第四章
阳桃设施栽培

    阳桃（*Averrhoa carambola* L.）又名三稔子、杨桃、洋桃，为热带常绿果树，又因果实横切面呈星形也被称为星梨（图4-1）。阳桃分为甜味阳桃和酸味阳桃两大类，酸阳桃常被用作砧木，果实酸，主要用于加工。甜阳桃果实成熟后，外形独特、闪亮光滑，未完全成熟时，绿色遮掩在枝叶间若隐若现。随着逐渐成熟，黄色、橘黄色、橘红色缤纷呈现，其果肉清脆、香甜多汁，可食率达到92%，是北方设施引种栽培的优良树种品种类型。甜阳桃口感适于鲜食，具有较高的营养价值，可加工成蜜饯、果汁、罐头、果酱等。且还有药用价值，是南方名果之一，《本草纲目》记载："五敛子祛风热，解酒毒，治黄疸、赤痢。"

图4-1
阳桃果实外形

第一节　阳桃生长结果习性

一、根系生长习性

　　阳桃主根发达，分布在土壤1～3m深的土层，侧根多而且粗大，多发生在土壤10～40cm的土层，须根也很发达，多分布在10～20cm的土层，阳桃根系分布的广度要超过树冠冠幅的1.5倍。根系在2月中旬开始生长，5～7月进入旺盛生长期，然后进入缓慢生长期，11月后逐渐停止生长。阳桃在设施中栽培，往往因为北方比较干燥、干旱而不容易生长良好，相对北方果树来讲，阳桃喜欢湿润的土壤，但也不能干湿急剧变化，过湿而发生涝灾。尤其是新植幼树，对土壤湿度管理到位时，更有利于阳桃的生长（图4-2，图4-3）。

图4-2　阳桃大树移栽

图4-3　阳桃侧生根系发达、须根密集

二、枝叶生长习性

　　阳桃虽然顶端优势很强，刚萌发的枝条向着阳光直立生长，但由于阳桃枝条生长过于迅速，不久就被自身重量压弯，而变得开张。虽然如此，但依然要控制持续直立生长的一些枝条，及时进行拉枝，不然其除了破坏树形，还抢夺营养，造成平斜的结果枝条生长不良。新梢小枝多而密，柔软下垂。叶片是奇数羽状复叶，深绿色，长12～20cm，宽10～16cm，小叶多为椭圆形，小叶数目为7～11片，互生或近对生。

　　阳桃周年不断抽生新梢，一般一年会抽生4～6次，设施栽培中主要集中在2～10月份。春梢持续生长到7月份后和二年生的枝梢是主要的结果单位（图4-4），所以要促进春梢的生长。新梢开始生长后没有明显停止生长，随着生长，二次枝陆续发生，因此在春季刚开始萌发生长时，往往新梢密度较大，要适当进行修剪，或者当新梢生长到50cm左右时进行一次修剪，以疏枝为主（图4-5）。

图4-4　春梢抽生花序　　　　　　图4-5　多次枝持续发生

三、开花结果习性

　　阳桃以在当年生新梢上抽生花序为主，在二年生枝、多年生枝甚至主干上也能够抽生花序（图4-6）。花序为聚伞状圆锥花序（图4-7），腋生或生于枝干，花较小，花序梗长3～7cm。通常花量很大（图4-8，图4-9）。

图4-6　多年生枝抽生花序　　　　图4-7　阳桃的花序

花一般为两性完全花（图4-10），但在设施栽培中，可能是环境条件的原因，在秋冬季开的花中存在大量的不完全花。除了由于温室冬季温度不容易达到要求而影响结果外，花的不完全发育也是导致秋、冬季不结果的一个重要原因。花在上午开放，通常单朵花开放时间为1天（图4-11）。

图4-8　阳桃集中开花

图4-9　同一个位置抽生
两个花序

图4-10　阳桃的两性花

图4-11　当天开放的花傍晚
开始闭合

　　阳桃在原产地一年可以结四次果，分别称为头造果（5月底～6月初开花，立秋前后采收）、正造果（7月中下旬开花，9月中下旬采收）、二造果（9月下旬开花，11～12月采收）、雪敛子（11月上旬开花，12月至次年1月采收）。但在北方日光温室栽培中通常表现为两次集中开花，一次集中结果。以7月份开花，10月份成熟，连续采摘到12月份这批果为主,第二次集中开花是在10月份前后,由于北方寒冷,往往不能形成有效的坐果,表现为只开花不结果的状态。并且在温室保温性能不佳的情况下,往往到了大冷的月份,枝条密集出现冷害、冻害现象(图4-12)。

图4-12　阳桃受冻后新梢开始生长(2月24日)

四、果实发育特性

果实从开花到成熟需60～80天。果实生长曲线为S型,落花后两周生长缓慢,之后迅速生长,7周后果个增长变缓(图4-13),开始转色(图4-14),此时果重还在持续增加,主要是内含物质的积累(图4-15)。浆果椭圆形,一般为五棱(图4-16),通常每个棱的内部有一个纵向的囊膜,里面包裹着种子(图4-17),横切面呈五角星状,偶有6棱的果实,或许是因为营养条件良好形成的,通常口感比较好。

图4-13　阳桃果实果个迅速增长期结束

图4-14　阳桃果实进入转色期

图4-15　阳桃果实完全成熟　　图4-16　阳桃果实　　图4-17　阳桃果实中的种子

　　阳桃坐果后要经历三次落花落果。第一次是落花后到小果形成期，主要是开花量大，消耗大量营养，营养供给不上，造成落果。第二次是小果形成后5～10天的转蒂期，同样是养分不足引起或者是天气环境不良引起。第三次落果是小果形成后20天至采收，主要是干旱、风雨及病虫害引起。

　　阳桃结果很早，花芽随着新梢的生长逐渐形成，定植当年就可以少量结果，第二年投产，第三年可以丰产。经调查，果实平均单果重是260g，最大单果重为628g。在1m×1.5m株行距密度条件下，定植的第二年产量调查，最高株产可达7kg，第三年最高株产15kg，以后产量增加，效益显著。

第二节　阳桃生产概况与品种选择

一、生产概况

　　阳桃属酢浆草科，阳桃属植物，原产于亚洲东南部热带亚热带地区，分布限于南北纬30°之间。主要分布在中国、印度、马来西亚、印度尼西亚、菲律宾、越南、泰国、缅甸、柬埔寨、巴西以及美国的夏威夷和佛罗里达州。我国野生阳桃在云南西双版纳海拔600～1400m的热带雨林、热带季雨林、南亚热带季风常绿阔叶林中均有分布。2000多年前阳桃在我国已有栽培，最早从马来西亚及越南传入，现今分布于我国台湾、广东、福建、海南、广西、云南、四川等地。其中在我国台湾，阳桃是大宗水果之一，年产量4.1万～4.8万吨，广东的栽培面积也较大，主要集中于珠江三角洲地区、潮汕平原和粤西的茂名、雷州半岛等地。在北上引种且需设施保护栽培的地区有辽宁、北京、浙江等地，主要栽培于观光采摘园区、现代农业产业园和城市周边农业园区等。

阳桃产量高、经济效益好，发展较快，正在由零星栽培逐渐转向成片栽培，由粗放经营转向集约经营。但随着发展也暴露出许多问题，比如品种混杂，急需加强对品种的选育工作和苗木繁育的规范工作；重栽轻管，急需加强对栽培技术的研究；采后商品化处理及贮藏技术急需衔接市场需求等。

随着运输条件的改善和电商销售模式的异军突起，北方市场不仅大城市货架上可以见到阳桃，而且小城市的市场上也可以看到阳桃，但中小城市的阳桃果实品质相对来说参差不齐，价格居高不下，严重制约了消费量的提升，而反观设施栽培的阳桃，由于成熟度较高，果实色泽诱人，现场采摘热度不减。

辽宁农业职业技术学院2002年开始从广州等地引进马来西亚甜阳桃、马来西亚红阳桃等，2008年从广西园艺植物研究所引进马来西亚大果红阳桃品种（'B10''B17'），进行栽培试验，并获得了成功，逐渐在辽宁大连、沈阳、鞍山、营口、辽阳等地进行了推广试种。阳桃凭借着独特的果形和口味，既满足社会上高收入阶层对高档反季节果品的需求，又增加了生产者的收入，因此在北方日光温室栽培大果甜阳桃，有广阔的发展前景，它将成为未来几年北方农村新兴的设施种植项目。

二、品种选择

品种选择主要依据是原产地研究人员、栽培人员和市场对品种的评价。

目前常见的甜味种阳桃，商业化种植品种包括'Arkin'（美国佛罗里达州）、'Ma fueng'（泰国）、'Maha'（马来西亚）和'Demak'（印度尼西亚）；台湾栽培较多的品种有'二林'种、'秤砣'、'台农一号'、'青拢厚敛'种、'马来西亚'种；我国大陆地区栽培品种主要有马来西亚'B17'和'B10'、'新加坡'阳桃、'蜜丝'阳桃、'台农一号'阳桃、

'七根松'阳桃、东莞甜阳桃、猎德甜阳桃等。由于我国栽培历史悠久，各地繁衍培育出一系列的地方品种，与引进品种之间混栽及实生选种等，存在着一定程度的品种混乱问题。

近年来我国台湾和广西率先开展了阳桃的育种工作，选出了一批果形端正、果棱肥厚、果个大、色泽佳、果肉细致、糖度高、酸涩味低的品种。'台农一号'是1974年从自然杂交后代中选出，1990年命名推广。'台农二号'是1987年从马来西亚引入的品系中选育，商品名为'正港'；'台农三号'2006年选育，定名为'红龙'；'台农四号'2000年从'台农三号'实生苗中选育，2009年通过品种审查，命名为'金龙'；'大果甜阳桃1号'是由广西农科院园艺研究所从马来西亚引入甜阳桃品种'B10'系列苗木中选育出来的优良单株，2007年通过品种审定；'大果甜阳桃2号'是由广西农科院园艺研究所从新加坡引入甜阳桃种子，经实生选育产生，2007年通过品种审定；'大果甜阳桃3号'是由广西农科院园艺研究所从国外引进的嫁接苗中筛选出的单株，2007年通过品种审定；'大果甜阳桃4号'是由广西农科院园艺研究所通过'大果甜阳桃1号'的种子实生选种产生，2013年通过品种审定。

主成分分析（principal components analysis，PCA）是研究多个变量之间相关性的一种多元统计方法，通过降维的算法，利用较少的变量尽可能多地反映原变量的信息，PCA已被广泛应用于荔枝、杧果、蓝莓、苹果等种质资源遗传多样性分析。马小卫等采用主成分分析的方法计算了21份阳桃种质资源的综合得分，果实综合品质性状优劣排名前五的是：'台农1号''马来西亚红''化州红''广西4号'和'马来西亚香蜜'。

下面简要介绍阳桃的三个常见品种。

'B17'。又名水晶蜜阳桃、红阳桃，来自马来西亚，6～8月开花，开花到成熟约80天，单果重200～400g，成熟时金黄色，可溶性固形物11%～12%，品质极优（图4-18）。

'B10'。又名香蜜阳桃，单果重200～400g，敛厚饱满，成熟时黄色，可溶性固形物7%～10%。果实平均纵径15cm，横径9cm（图4-19）。

'台农一号'。平均单果重338g，最大单果重628g。可溶性固形物8.6%，最高11%（图4-20，图4-21）。

图4-18 'B17'

图4-19 'B10'

图4-20 '台农一号'
成熟状态（11月21日）

图4-21 '台农一号'
完熟状态（2月24日）

第三节 阳桃设施环境调控

一、设施选择

在北方，选择保温性能好的温室，冬季棚内夜间最低温度一定要保持5℃以上。日光温室要应用采光结构合理、透光率高的温室。

辽宁农业职业技术学院的温室采用钢筋骨架，东西走向，温室全长54m，跨度7.5m，矢高3.3m，后墙高2.4mm，墙体厚60～80cm，后坡为木板加苯板加盖炉灰渣，水泥涂在外面。透明材料选用聚氯乙烯无滴膜，保温材料为保温被，配有卷帘机、智能温室管理系统（开闭风口、补光系统、温湿度记录等）。

阳桃为热带果树，抗寒能力差，在北方以进行日光温室栽培为主。在栽培中发现阳桃虽然较矮，但是温室脊高3.3m远不能满足阳桃的生长，年年都要顶着温室棚膜生长，造成严重的遮蔽，枝条枯死。并且由于温室高度不够，每年都会有大量枝叶生长到温室骨架外面，在覆盖薄膜时需要大量修剪（图4-22）。因此，尽可能选择脊高在5～6m的温室栽培阳桃，这样采光、保温性能好，有利于阳桃的生长。另外，虽然冬季最冷月室内温度要求达到5℃以上就能进行阳桃生产，但是冬季的花果往往不能坐果，如果要完成一年两季的生产，尽量建造冬季最低温度能够保持在10℃以上的温室，或者采取必要的加温设备（图4-23），以保障最低温度在10℃以上。

图4-22　修剪长出温室的枝条　　图4-23　温室临时加温设备

二、环境管理

1. 温度

为防止气温下降对树体有影响，可于9月初开始在温室上扣上塑料，9月下旬开始加盖草帘。

阳桃需求年平均温度22℃以上，冬季无霜雪，10℃以下时，树体生长不良，4℃以下嫩梢受冷害，0℃时幼树容易被冻死，成年树大量叶片变黄脱落，枝条枯死。花期温度达到27℃以上才能有效授粉受精。

因为阳桃为常绿果树，全年生长期陆续开花陆续结果，因此都要保持良好的温度条件。因为冬季不休眠，在北方进入秋季以后，随着气温的下降，就要及时进行温室覆盖，一般9月下旬就要将温室的塑料和草帘覆盖好，防止气温下降影响阳桃的正常生长，进入冬季最冷时期的12月下旬至1月下旬，温室早晨的最低气温要保持在5～8℃，以保证树体正常生长。低于此温度，就要临时加温。空气湿度各时期控制在60%～65%为宜（表4-1）。

表4-1　温室扣棚后至揭棚的温湿度管理指标（时间为9月下旬～翌年5月末）

项目	物候期				
	第二次开花、果实与新梢生长	果实生长、成熟、新梢缓长	果实生长、成熟、新梢缓长	新梢生长	新梢生长
日期	10.01～11.30	12.01～12.30	1.01～2.28	3.01～3.31	4.01～5.31
最高温/℃	28	26～28	26～28	28	28
最低温/℃	8～18	5～8	5～8	10～16	15～18
相对湿度/%	60	65	65	65	60

2. 光照

阳桃为较耐阴果树，忌阳光直射，尤其是开花期和幼果期，最怕烈日干风。因此早期密植，催生大量枝叶，形成一定的树荫遮蔽环境，往往有利于幼树的结果。但树成年后，枝叶过分郁闭，也会造成枝条不见光饥饿而死，造成大量枝条枯死（图4-24）。通风透光是必要条件，只是要避免过多的直射光。通常在日光温室阳桃枝叶生长过密时，结果量急剧下降，而在前底角处，由于通风透光较好，会结出大量的果实。

3. 水分

阳桃喜欢多湿气候，不耐旱。按照北方果树的管理习惯，阳桃往往生长不良，原因主要在于湿度的管理，这也是阳桃在北方设施栽培中主要容易出现的问题，阳桃通常要比北方果树耐湿性强，

图4-24　枯死枝条

因此设施内要保证有较高的空气湿度。但是阳桃不耐积水，在原产地有积水的地区通常采用台田种植，温室管理中要注意不能因为阳桃耐湿喜湿就经常淹水，淹水会造成土壤氧气不足，根系腐烂，树势衰弱，叶片黄化脱落。

4. 土壤

阳桃对土壤类型和酸碱度的适应性较强，适应范围较广，喜土壤肥沃、土层深厚、富含有机质的土壤。

第四节　阳桃花果管理

一、花期管理

阳桃开花期需要27℃才能够完成良好的授粉受精，因此既要注意调整花期温度，又要保证良好的授粉受精。阳桃一年中经常会抽生花序，但在北方日光温室主要在春季和秋季各集中抽生一次。集中抽生花序时，会消耗大量树体营养，而且常常果实发育与花期重叠发生，就会加剧营养供给矛盾，因此花期要加强肥水的管理，土壤施肥不足时要加强根外施肥，水分管理也要到位，湿润而不过多。

二、疏果

阳桃花量很大，每个花序可结1～8个果，必须疏果。由于温室中空气流动不足、湿度较大等，通常要等到果实坐果后进行疏果，但如果花量过大，也可以提前疏除一部分花序，以节约营养，更有利于坐果。疏果可以分两次进行，花后果实开始下垂时，疏除病虫果、畸形果、过多的果实和小果，每花序可留果3～5个；第二次依据"去上留下，去外留内"的原则，依据树势留果，即树冠顶部和外围少留果，树冠内部和中、下部多留果，特别是枝干上的果可以多留，一般每个花序最终留果1～2个（图4-25）。

三、套袋

套袋是提高果实品质的主要技术措施之一。套袋可以有效提高果实外观质量，防止日灼、病虫害、鸟害、机械伤害等，同时可以减低农药残留、提高优质果比例，提升果实商品性。研究表明白色袋在提升外观和内在品质上效果较好。果实套袋一般在定果后进行，在套袋前应喷布一次杀菌剂，待药液干后便可套袋。

图4-25　疏果不到位造成商品果率低

四、支撑

阳桃枝条生长量大，但加粗生长不足，枝条多纤细，承担力不足，容易下垂，也容易折，因此会引起落果，尤其在果实发育后期，随着果实重量增加，枝条的承载力不足，常常需要支撑保护。结果多的树，在树冠四周用竹竿支撑，或者用铁丝做成钩子把结果多的枝条钩到温室骨架或者支撑架上，避免产量过高压折果枝。此项工作虽然似乎没有什么技术性，但确实尤为重要，宜早不宜晚。

五、采收

采摘园里，阳桃采收时，游客经常单手握住阳桃垂直向下拉，这个过程虽然很慢很小心，但依然很容易把其他果实振落在地，造成不必要的损失，因此应该使用剪刀采收。阳桃单花开花时间只有1天，但是整体花期较长，可达1个月左右，因此果实成熟时间也会较长，根据果实成熟度，可以分批分期采收。

第五节 阳桃其他管理

一、栽植

定植时选择优质的壮苗种植。阳桃根系深、分布广，因此定植穴要尽量挖大一些。在温室前期按1m×1.5m或1.5m×2m株行距定植时，可以挖定植沟，深80cm，宽80cm。挖好定植沟以后，在底层铺入大量秸秆、落叶等有机物质，混入表土进行回填，之后加入堆沤肥100kg、磷肥1.5kg、饼麸肥1.5kg等与表土混合均匀回填。回填后进行灌水，沉实土壤，待土壤不沾脚时，再行开挖小的定植穴栽植阳桃苗，定植后浇足定根水，并覆盖稻草等保温保湿，以后视具体情况浇水。如遇排水不良地块，除规划设置总体的排水设施外，定植沟的底部铺20～30cm厚的炉灰渣，可有效提高排水性。

二、间作

幼树期阳桃栽培，可以行间间作番茄、豆角、黄瓜等，有利于形成一定的遮阳量，并且提高空气湿度。还可以间作豆类和绿肥，提升土壤有机质含量。

三、施肥灌水

幼树期施肥重点是促进树体长大，主要以含氮量多的肥料，以"勤施、薄施"为原则。开始施稀释的人畜粪尿或速效肥，尽量做到"一梢两肥"，即新梢抽出前和转绿后各施肥一次。11月以后植株生长缓慢，重施以有机肥为主的过冬肥，每株10kg土杂肥或腐熟禽畜粪肥，以增强树势和提高抗寒力。由于阳桃生长快，第二年即要扩穴埋肥，可在1～2月进行。开穴施肥，每株可施堆沤肥100kg、磷肥1.5kg、麸饼肥2kg，分层混土填好。经扩穴埋肥后，根系扩展快，树长势旺。以后每年均要进行管理和施肥。

结果树肥水管理。阳桃一年多次发梢，多次开花结果，消耗养分多。幼树从2月底至3月初开始，施稀释过的人畜粪尿，每月1次，冬至前后施肥量要加大；结果树的施肥包括：促梢肥、催花肥、保果肥、壮果促花肥、促（果）熟肥（以尿素为主）和过冬肥（有机肥为主）。阳桃喜湿怕涝，施肥注意结合灌溉进行。结果树的施肥量随产量增加而增加。

四、修剪

目前'大果甜阳桃'在整形上主要采用自然圆头形、倒圆锥形、自然开心形等树形，这些树形适用于稀植的栽培方式。而在北方日光温室栽培，栽培密度加大，因此'大果甜阳桃'的树形以纺锤形为好，成形快，容易整形，有利于'大果甜阳桃'的早期丰产。

在北方温室栽培采用纺锤形整形，原则上是使树冠枝叶分布均匀，疏密适度。中、下部的水平枝和下垂枝应呈层状排列，层间有一定距离，使树冠通风透光。早期修剪宜轻不宜重，下垂枝尽量保留。定植成活后主干留30～40cm定干。选留3～4个主枝，待主枝长至30～40cm时短剪，培养为侧枝，每个主枝留2～3个侧枝，每个侧枝再留2～3个小枝，形成第二年结果的树冠骨架。对于分布不均匀的枝条，可通过拉枝调整。对从主枝上抽生的副主枝和侧枝，留下分布均匀的水平枝和下垂枝，以利形成结果枝。每次发梢要进行疏梢，疏去过密枝、病残枝、弱枝、徒长枝，过高直立枝可以进行拉枝，促进分枝生长，扩大树冠。修剪时应注意留1～2cm的桩。在进行温室栽培时，还可采用纺锤形树形，以提高栽培密度，有利于控制树势。

冬季修剪主要是将树体基部的细弱枝、病虫枝以及枯枝剪除，短截或疏除生长过旺、过密和扰乱树形的徒长枝。修剪下垂枝时要适当保留基部10～20cm，促使第二年结枝头果。立夏时进行夏剪，先将冬春出现的枯枝剪除，再将中下层的纤密枝轻剪。幼树和初果树一般顶部徒长枝多，要及时疏除或短截。要注意保留一定数量的枝条以适当遮阴，防止烈日直晒果实。成年树每年修剪3次。第1次于2月下旬至3月上旬前后，果实采收后，把过密枝、枯枝、徒长枝或老化的枝条剪去，促使发生新枝而利结果。第2次在5月下旬至6月上旬前后。第3次于寒露前20日左右。第2、3次做轻度修剪，以保持树形整齐、日照充足、空气流通及减少病虫害发生。结果树的修剪：重点放在调节结果部位和树势维持上，以改善通风透光条件，减少病虫害，提高果实品质。3月份果实采收后，疏去弱枝和过密枝、徒长枝，直生粗壮枝可进行拉枝，确保树冠布局合理。春梢抽出后要疏去密生、丛生的部分春梢。6月中下旬，再次修剪，疏去弱枝、密枝、影响树冠徒长枝。结果树修剪宜轻，对中下部枝条要尽量保留，使枝叶分布均匀。剪时应保留枝基部5～10cm的枝头，阳桃能在该处开花结果。对幼年结果树可适当疏剪树冠上层营养枝以抑制向高生长。由于阳桃的生长量很大，往往每次修剪的量也很大（图4-26）。

对于生长过旺的树，为了抑制营养生长促进开花坐果，可以在开花前1个月，对主干进行环割或环剥，通常环剥宽度为0.5cm以内（图4-27）。

图4-26 大的修剪量

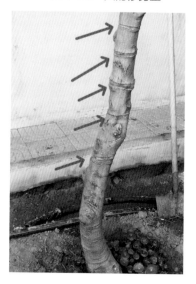

图4-27 阳桃主干环剥

五、病虫害等管理

阳桃北方设施栽培中的主要虫害与原产地有很大的区别，主要虫害是红蜘蛛（图4-28）、果蝇、小卷叶蛾、蛞蝓（图4-29）等，主要病害有根腐病、叶斑病等。病虫防治以防为主，综合防治。加强肥水管理，整形修剪，提高树体抗性，是预防病虫的主要措施。冬季结合清园，清除枯枝落叶、杂草，喷0.3～0.5波美度石硫合剂1～2次。生长季节经常检查，及时防治。农药可用75%百菌清可湿性粉剂500倍液、50%甲基硫菌灵可湿性粉剂800倍液、90%敌百虫可湿性粉剂800倍液和10%吡虫啉悬浮剂2000倍液。

此外还经常会发生鸟害、机械碰伤和阳光直射造成的日灼，也应加强防护（图4-30～图4-32）。

图4-28　温室内红蜘蛛大发生

图4-29　蛞蝓危害

图4-30　鸟害

图4-32 果实日灼

图4-31 机械伤害

参考文献

[1] 马小卫，苏穆清，李栋梁，等.阳桃种质果实品质性状遗传多样性分析 [J].
食品科学，2020,41(17): 68-74.

[2] 马锞，谢佩吾，罗诗，等.阳桃种质资源及栽培技术研究进展 [J].中国南方果树，
2017,46 (1): 156-160.

第五章
火龙果设施栽培

火龙果（*Hylocereus undatus* 'Foo-Lon'）又名红龙果、仙蜜果、情人果，是仙人掌科（Cactaceae）量天尺属（*Hylocereus*）多年生蔓生性植物，主要栽培的有白肉火龙果（*H. undatus*）、红肉火龙果（*H. polyrhizus*）和紫红肉火龙果（*H. costaricensis*），这3个品种类型属于量天尺属二倍体植物，且不太常见，市场上被称作麒麟果的黄皮白肉火龙果属于蛇鞭柱属四倍体植物。火龙果原产于南美洲与中美洲，自然分布在哥斯达黎加、尼加拉瓜、墨西哥、古巴等国家和地区的热带雨林及沙漠地带，是典型的热带水果，在原产地生长发育没有四季区分，全年可生长、开花、结果。人工栽培遍及中美洲、越南、泰国及美国南部地区。火龙果有很高的营养和药用价值。每100g火龙果果肉中，含水分83.75g、灰分0.34g、粗脂肪0.17g、粗蛋白0.62g、粗纤维1.21g、碳水化合物13.91g、热量59.65kcal、膳食纤维1.62g、维生素C 5.22g、果糖2.83g、葡萄糖7.83g、钙6.3～8.8mg、磷30.2～36.1mg、铁0.55～0.65mg和大量花青素（红肉果品种最丰富）、水溶性膳食蛋白、植物白蛋白等。火龙果的枝条和花朵因渗透压极低而具备的独特黏液中，含有大量药理作用显著的营养性物质。火龙果除有预防便秘、保健眼睛、增加骨质密度、帮助细胞膜形成、预防贫血和抗神经炎、抗口角炎、降低胆固醇、皮肤美白防黑斑的功效外，还具有解除重金属中毒、抗自由基、防老年病变、瘦身、防大肠癌等功效。

第一节　火龙果生长结果习性

一、根系生长习性

火龙果无主根，但根系非常发达，为浅根性水平分布，一般在土壤深10cm范围内，具有较强的吸水吸肥和保存营养的能力。茎节会生长攀缘根，即通常说的气生根非常发达（图5-1），可攀缘生长，可以吸收空气中的水分和氧气。

二、枝条生长习性

火龙果没有叶，肉化的茎取代叶成为光合作用的主要营养器官，光合作用属于景天酸代谢途径（CAM），茎的气孔在光照高温条件下关闭，防止水分散失，夜间打开气孔吸收二氧化碳。在水分适宜情况下夜间二氧化碳交换速率增大，干旱胁迫和水涝时则交换速率在晚上降低，清晨又增大。蔓茎呈三角状，浓绿色有光泽，茎的内部是大量饱含黏稠液体的薄壁细胞，有利于在雨季吸收尽可能多的水分。每段茎节棱角凹陷处有刺座，刺座里面含有较多复芽和混合芽原基，可以抽生为叶芽、花芽，火龙果果树的叶芽、花芽都是从刺座上长出的。

三、开花结果习性

花芽分化开始至开花一般需要45～50天，在刺座上形成单个花苞（图5-2）。在北方日光温室中，每年5～11月都是其开花结果期，一年至少开4次花。火

图5-1　火龙果发达的气生根

龙果花一般在晚上7时后开放，第二天清晨出太阳时凋谢，是名副其实的"夜仙子"。它的花很大，呈漏斗形，白色花冠，形似羽毛，非常漂亮（图5-3）；花长约45cm，花冠直径25cm，重近500g，故有"霸王花"之名。每朵花都有雌雄蕊，异花授粉的品种需要人工授粉，自花授粉结实的品种不需要人工授粉也能正常结果。授粉后3天左右，花朵会变为黄白色，并且逐渐长成果实，花冠脱落后25天左右果个基本不再膨大，开始逐渐转色变红，出现光泽，等到花落后的30～40天果实成熟。果实为浆果，呈椭圆形，果皮厚，有蜡质不怕虫蝇叮咬，故生产中不需使用农药。果皮为红色，果皮鳞片堆叠呈宝塔状，外表庄严圣洁且耐贮存，果肉有白色、红色、紫红色、红白过渡色等几种类型，果肉中有近万粒芝麻状种子，又称为"芝麻果"。果实除含有糖及蛋白质外，还含有丰富的维生素A、维生素B、维生素B_2、维生素B_3、维生素C及钙、磷、铁等矿物质，有浓郁的清香味，味美可口。

图5-2　火龙果在刺座上形成的花苞

图5-3　火龙果开放的花

四、果实发育特性

火龙果果实分批成熟，果期有半年左右时间；果皮较薄，但有蜡质保护，可以进行长途运输和长期贮存，销售范围可以适当扩大，因此整体经济效益较高。张翰等采用'大红''白玉龙'和'双色'3个不同品系的火龙果，测定了果实发育过程中（落花后到35天内每5天采集一次样品）内含物含量的变化，结果表明，火龙果果实生长的中后期是果实质量迅速增加的时期，此时果皮迅速变薄，果实横径、纵径快速增长，可溶性固形物、可溶性糖和甜菜红素快速积累，同时有机酸转化含量变少。研究报告显示，这个"果实生长的中后期"是落花后第20天到第35天。由此看来果实发育中后期是果实品质形成的关键时期，火龙果适当晚采，是提升品质的关键要点。杨磊等测定了'蜜红'和'白玉龙'两个品种的果实内部糖度分布，发现了火龙果糖度分布呈现中心部位高，向四周依次降低的规律，横切中间层果肉糖度的均值更能代表果实的总糖度。

第二节　火龙果生产概况与品种选择

一、生产概况

　　火龙果是一种新兴的热带、亚热带水果，果实营养丰富，具有低脂肪、高膳食纤维、高维生素C、高磷脂、低热量等特点，有抗氧化，抗自由基，养颜减肥，预防便秘、高血压、高尿酸及降低血糖、血脂的食疗和美容保健功能。因此，20世纪90年代初开始引入我国种植后，种植面积迅速扩大，全国栽培面积已经超过100万亩。目前已迅速扩大到海南、广东、广西、云南、福建、贵州等地，已形成了规模化商业种植基地，火龙果产业逐渐成为当地农业的特色产业。近20余年来火龙果被引种在我国北方地区日光温室中栽培，如天津、河北、北京、辽宁、山东、山西、陕西、甘肃等地，取得了一系列的成果，丰富了北方水果种类品种，并对日光温室栽培技术进行了深入的研究。近年来，辽宁辽阳、大连、上海市浦东等地，在日光温室和大棚内引种火龙果多个品种，采用农业观光采摘园模式，吸引了不少游客，丰富发展了北方城市的水果文化。北方温室大棚引种多为早些年的一批品种，随着新品种的育成，北方应注重品种更替，利用新选育出的品种，提升火龙果的种植效益和采摘体验等。

二、品种选择

　　目前，国内种植的火龙果品种以免授粉的'大红'系列为主，但单一品种长期种植存在潜在风险，人们对多样化品种需求也日益增加，通过多种育种方式，我国培育出了优质抗病、自交亲和及枝蔓少刺等新品种，对促进火龙果产业持续稳定发展具有重要意义。近年来新选育的品种都可引种到北方日光温室中试种。

广东省农业科学院果树研究所的戴宏芬研究员等选育的'粤红5号'（'大红'与'普通白肉'杂交选出），果实椭圆形、整齐均匀，平均单果质量310g，可食率79.5%，成熟时果皮粉红色，鳞片尖部绿色；果肉白色，肉质清爽、清甜，无青草味，口感极佳，品质上等，可溶性固形物14.06%，可滴定酸0.179%。花芽分化能力强，自花坐果率90%以上，丰产稳产；枝蔓刺极少且短，适应性好，抗火龙果溃疡病。

广东省农业科学院果树研究所的李俊成博士等选育的'红水晶6号'（'白水晶'与'光明红'杂交选育）。果实近圆球形，平均单果重295g，果皮红色，果肉紫红色，肉质爽滑、风味清甜。可溶性固形物含量14.2%，可滴定酸含量0.19%。植株生长旺盛，果实发育期28～40天，每年开花10～12批次，亩产量达2288kg。4℃下可贮藏20～30天。

浙江省舟山海岛地区为解决红心火龙果（品种为'蜜宝'）品种结构过于单一、人工授粉劳动强度大等问题，经引种筛选，红心火龙果'软枝大红'和'金都1号'在舟山海岛地区均能正常生长发育，生长旺盛、早花早果、不易裂果、抗逆性好，且均为自花授粉结实品种，雌蕊长度与雄蕊相当，且为紧密接触，亲和力强，自然授粉率高，坐果率高。

金吉芬等在调查火龙果的抗寒性时，发现的'珠香龙'抗寒性较强，但'珠香龙'花期较早，果实成熟期较长，为60天左右，果皮有细刺，果实小，产量低，不能直接用于生产，但可以当作抗寒性强的育种材料加以利用。

第三节　火龙果设施环境调控

一、设施选择

火龙果通常采用柱式栽培，通常不高于1.8m，但其新枝蔓向上生长有一段时期，总体高度不超过2.5m，因此火龙果对温室高度要求不高，一般的蔬菜温棚都能种植。但由于火龙果属于热带果树，冬季温度低于5℃时，就会发生冷害，因此对温室的采光、保温性能要求极高。在辽宁及以北地区由于极端低温天气时常出现，即便保温条件好的温室也应预备临时的加温设备，如加设加温炉等，以备不时之需。同时以保温为主的温室，通常在设计方位时，可参考坐北朝南，正南偏西5°～10°，增加下午光照热量，利于提高夜温。

二、环境管理

1. 温度

火龙果的最适生长温度在25～35℃，温度低于8℃和高于38℃将停止生长，可以说既不耐低温，也不耐高温。高温迫使火龙果进入休眠状态，温度降至30℃左右时能够脱离高温引起的休眠状态，温度过高也会抑制生长，引起落花。但火龙果是以植物特有的短暂休眠进行抗逆，并无自然休眠习性。所以在北方日光温室栽培，温度条件除了防止低温出现之外，还要尤其注意温度不可过高。冬季温室温度降至5℃以下会导致冷害；低于-2℃时，幼芽、嫩芽甚至包括部分成熟枝被冻伤或冻死，出现严重冻害；-5℃时整株冻死。生殖生长要求的温度是在20℃左右，花芽正常萌发；若较长时间持续在15℃以下，花芽自然转化为叶芽；在25～35℃环境温度下开花后30～35天成熟；15～25℃环境温度下开花后35～45天成熟；低于15℃时，幼果可能长期不成熟，即使成熟也难以膨大，表皮不转红。

北方日光温室栽培火龙果的致命因子是冬季的低温，研究和了解不同火龙果品种的抗寒性极为重要。金吉芬等调查了在贵州南部罗甸县龙坪镇（南亚热带季风气候）种植的15个火龙果品种的抗寒性，2008年1月27日当地出现了一次雪凝天气（0.8℃）。按照Stergios的寒害分级标准，寒害分为6个级别，0级为无任何冻害症状，不影响次年生长结果；1级为1/2以下幼嫩枝条冻死，成熟枝条无冻伤；2级为1/2以上幼嫩枝条冻死，成熟枝条无冻伤；3级为幼嫩枝条全部冻死，1/2以下成熟枝条冻死；4级为

1/2以上成熟枝条冻死；5级为整株全部冻死。

寒害指数＝[Σ（各级受冻枝条×受冻级值）/（调查总枝条数×最高级值）]×100

结果表明，不同品种间抗寒性不同。15个品系中，'珠香龙'寒害指数只有3.33，'红宝石'只有9.23，抗寒性最差的是'珠龙'，寒害指数达到90.83。15个品种的抗寒性顺序为：'珠香龙'＞'红宝石'＞'粉红群'＞'红龙1号'＞'黔白1号'＞'红龙2号'＞'红龙4号'＞'新白玉龙'＞'红龙3号'＞'本地三棱茎'＞'红龙果'＞'普通白玉龙'＞'光明种'＞'黄龙'＞'珠龙'。因此在引种和选育北方温室适用的品种时，应充分考虑品种的抗寒性。

通过栽培实践总结出温室栽培火龙果各生长时期温湿度调控指标，见表5-1。

表5-1　火龙果各生长时期温湿度调控指标

生长时期	最低温度/℃	最高温度/℃	适宜温度/℃	适宜湿度/%
苗期	8	38	20～30	80～90
营养生长期	10	38	30～35	80～90
开花结实期	20	38	25～35	70～75
果实膨大期	15	35	25～30	75～85
成熟采收期	15	35	25～30	75～80

2. 光照

火龙果喜光但也较耐阴，长时间充足的阳光可以促进火龙果枝蔓强壮，多孕蕾。因此，栽培获得优质的火龙果果实需保障较强的光照条件，一般要求光照强度在8000～12000lx。由于火龙果是附生类型的仙人掌，当光照强度低至2000lx左右时仍能营养生长，但其生长受到严重影响。在光子通量2～20mol/（$m^2 \cdot d$）范围内，光合速率随着光子通量的增加而增加。因此温室栽培中应根据实际情况，及时擦拭棚膜和调整植株枝量。火龙果花芽分化、开花均需光照时长超过12h，北方温室补光时还应兼顾温度条件，可补红外光和远红外光（波长380～780nm），一般每平方米补光强度不低于15W。

3. 水分

火龙果具有较强的抗旱性，但其正常生长需要有足够的水分供应，一般空气湿度在60%～70%最佳。干旱诱发休眠，火龙果进入休眠就意味着停止生长，多次和太长时间的停止生长影响经济栽培，同时湿度过低，将会诱发生理病变。田间浇水次数与多少依不同季节而定，春季气温低时蒸发量小，支柱生长缓慢，水分消耗少，应少浇水；春夏交错季节，光照充足，生长量大，应适当多浇水；夏季温度过高，植株会出现短期休眠，应注意不要过多浇水，并且注意排涝，避免土壤积水烂根；秋季昼夜温差大，植株生长快，应适当多浇水。果实采摘期应注意适当控水，保障营养物质的积累，以提升果实品质。需要注意的是，火龙果的根部一定不能有积水，土壤含水量过高会导致根部氧气不足，从而容易导致整株死亡。

4. 土壤

火龙果无主根，侧根大量分布在土壤表层，并有比地下根更多的气生根（图5-4），具有高度好气性，2～5cm的浅表土层是火龙果主要根系活动区。透气不良，酸度过大可直接诱发根系群的死亡。因此，根系分布区必须排水良好，土质疏松肥沃，团粒结构良好而又绝不砂质化，最适宜土壤pH值为6～7.5。总体而言，火龙果对土壤的适应性很强，但用疏松透气、排水良好、保水保肥、有机质含量高的营养土更好。

图5-4　火龙果的气生根持续产生

第四节　火龙果花果管理

一、花期管理

火龙果的花芽分化属于不定期多次分化型，只要环境适宜、管理得当、营养充足，就能不断地进行分化（图5-5）。但北方日光温室冬季较寒冷，温度条件不能满足花芽分化和果实生长的要求时，冬季通常不能开花结果。

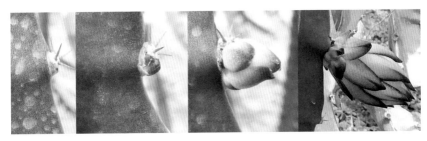

图5-5　火龙果在刺座上形成的花苞不断发育

火龙果春季栽植后，一般第二年开始结果，亩产可达500kg以上，第三年稳定在1500kg以上。每年5～11月是开花结果期。先自茎节处生出花苞，15～20天逐渐长成筒形，开花当天，通常在日落之前1h开放，逐渐完全绽放，花朵漏斗状，头部直径25cm以上，乳白色，形状类似羽毛，花重300～500g。完成授粉后3天左右，花朵变为黄白色，并且逐渐长成果实。在花脱落后25天左右，果实不再继续长大，开始逐渐转色。

有一些火龙果品种可自花结实，可以不用授粉品种，也不用人工授粉，但引入北方温室栽培的品种多为自花不结实品种，就必须配置授粉品种和辅助人工授粉，这样开花结果率高且果实大。另外温室内由于极少有昆虫活动，而且花开的晚上风流动性小，或不流动，如果雌蕊属于高于雄蕊（雌蕊伸出来不能与雄蕊接触）的类型品种（图5-6），即便是自花结实率高的品种也应辅助进行人工授粉，这样才能保证授粉受精，正常结果（图5-7）。因此，配置好授粉品种，并辅以人工授粉或昆虫授粉是北方日光温室火龙果栽培花期管理的关键技术。火龙果是夜开型，单朵花开放只有一个晚上，因此要在当天晚上开放到早晨之间进行人工授粉。

图5-6　火龙果雌蕊高于雄蕊

图5-7　给雌蕊授粉

二、疏果

　　一条挂果枝可生出十几个花苞，花苞过多也会导致营养不足，自动发生落花自疏现象（图5-8，图5-9）。为防止坐果过多，消耗营养，影响果重和品质，应进行疏花疏果（图5-10）。一条挂果枝上相邻的两个果应保持在10cm以上，一般一条挂果枝留果3～5个为宜（图5-11）。

图5-8　火龙果形成的大量花苞

图5-9　自动脱落的花苞

图5-10
授粉后大量坐果

图5-11
大量开花及待开花的花苞

三、采收与贮藏

开花后30～35天果实成熟。5月份生长的花苞7月份即可采收。平均15～20天长出一批花苞，收获期可持续到11月甚至12月。火龙果从开花至成熟一般需30～40天，长距离运输时，果皮转色变红后1周左右，具有光泽时，即可采收；北方温室多为近距离运输，可以在转色后2～3周采收；如果是采摘园，游客进入温室内采摘，果实仍然可以在植株上延长停留一段时间。果实成熟后应分批适时采收，采收时用果剪从果柄处剪断，以减少果实在贮运过程中的养分消耗，尽量减少机械损伤。采下后轻放包装箱内，然后分级包装，进行鲜销或保鲜贮藏加工。

火龙果的果实属于非跃变型果实，比较耐贮藏，一般采收后在常温下可保存1～2周，若在保鲜库中10～15℃条件下贮存，时间可延长到1个月以上。

四、分级

《绿色食品热带、亚热带水果》（NY/T 750—2020）规定了外观性状和色泽指标；《火龙果流通规范》（SB/T 10884—2012）描述了成熟度、果实外观、病虫害、果柄长度等分级标准；国际食品法典委员会制定的《火龙果法典标准》（CODEX STAN 237—2003）规定了果实外观、病虫害、外表水分、异味、新鲜度、果柄长度、是否无刺等指标。《火龙果等级规格》（NY/T 3601—2020）依据火龙果外观、色泽、缺陷把火龙果分级为优等品、一等品、二等品。苏明等依据以上标准的文字描述，详细调查研究了海南火龙果（'大红'为主）的分级情况，以图片的形式更加直观地给以参考和借鉴，方便了一线工人的培训和火龙果的分级挑选。'大红'火龙果在田间采收的一级果标准是：果实饱满，正常成熟，表皮新鲜，没有腐烂出水、果体开裂、病虫害和严重机械伤问题，单果要求在200g以上。

北方设施中栽培的火龙果，主要供应周边市场，但在市场开放的环境中，只有赶超国际标准才能赢得一席之位，因此应更加重视果实的分级，尤其是果皮色泽、机械压伤、病虫果、裂果等外观问题。

第五节　火龙果其他管理

一、栽植

在北方日光温室条件下，一年四季均可栽植，一般以2～5月份栽植最好，栽植越早，枝蔓生长越健壮，翌年挂果量越大（图5-12）。栽植苗木要选择根系发达、母茎健壮的苗木。一栋温室内因授粉需要，最好要不同品种搭配，利于取粉授粉。尤其在采摘园内，可以红白肉型品种搭配，比如1行红肉型、1行白肉型，或2行红肉型、2行白肉型，以提高产量和品质。如果是为主栽品种配置授粉树，一般按照（4～6）：1的比例配置，或者1株授粉树的周围栽植8～10株主栽品种。

火龙果属攀缘性植物，故栽植应搭架，架高1.6～1.8m。以水泥方柱、钢筋柱或木柱为支柱，柱子间和顶端拉钢丝呈篱笆墙型，也可以在每个柱子上方固定圆圈，供火龙果枝条攀爬和枝条的绑缚。因此整形方式分为两种类型，一种是一个柱子为一株结果单位，为一个叶幕群，类似一棵树，一丛一丛的（图5-13，图5-14）；另一种是篱壁形，形成单排"Y"形单行篱壁形，整行为一个叶幕群（图5-15，图5-16）。单柱状态的柱的株行距一般为1.5m×2m，每柱栽两株，每亩需苗450株；篱壁形株行距通常为0.3m×2m，每亩理论需苗1100株，但由于有前底角和人行道，通常每亩需苗在800株左右。行间修排水沟，以利排水。栽植深度5～7cm并立柱固定，发芽后选留一个强壮的作为主干进行培养，定期绑缚引其向上生长（图5-17）。通常，定植后第二年的5～11月开始开花结果，在日光温室，每年开花四次以上（图5-18）。

图5-12　新植火龙果苗木

图5-13　单株定植的火龙果

图5-14　火龙果丛状栽植

图5-15　火龙果大垄双行篱壁形栽植

图5-16　火龙果单行篱壁形栽植

图5-17　定植的苗木
培养主干

图5-18　定植第二年单株结果状态

二、育苗技术

火龙果苗木的扦插繁殖在有温控设施内可周年进行，在自然状态下，5～10月进行扦插最适合。扦插时遇高温多雨季节要进行遮阴和防雨。温度适宜条件下开始细胞分裂，有利于伤口愈合，促进生根。温度过低将停止生长，伤口不易愈合，生根缓慢（图5-19）。

火龙果耐旱怕涝，育苗基质的配制要求疏松、透气、排水良好。一般砂质土、腐熟的锯末、腐熟的农家肥和煤渣按适当的比例充分混合，并使用25%的多菌灵可湿性粉剂对基质进行杀菌消毒。基质不干、不湿，以手捏成团为宜。

图5-19
火龙果扦插育苗

采集丰产、稳产、优质、无病虫害的健壮挂果母树，选其粗壮、色深、充分老熟的健壮枝条，将枝条剪成20cm的枝段，注意枝条的方向，不能削倒。枝条放置在阴凉通风、干燥的地方。

苗木扦插后初期不能淋水，也要避免烈日暴晒。扦插生根后要保持营养土湿润，不能积水。一般扦插半个月后开始生根。待枝条长到3～5cm时适当施点腐熟的肥水，促使枝条抽生健壮。枝条长至10cm左右时即可移栽，此时若不移栽要及时用竹竿搭架。

火龙果需要嫁接时，可以先切割火龙果的茎，使之呈平面，再进行插穗，要上下对接良好，最后用棉线进行固定。30℃时嫁接口愈合较快，一般4天左右可以完全愈合。

三、施肥灌水

火龙果的施肥原则是勤施薄肥，由于火龙果采收期长，要重施有机质肥料，氮、磷、钾复合肥要均衡长期施用。农家肥的使用，以充足、少量、多次为原则。使日生长量0.5～1cm前后的时段尽可能地保持较长时间。每年主要的施肥期分别是催梢肥、促花肥、壮果肥和复壮肥。根据挂果量和生长势，考虑适当追肥，开花结果期间要增施钾肥和镁肥，以促进果实糖分积累，提高品质和糖度。在不同季节和不同生长情况下，可以添加速效化肥，或者使用根外追肥的方法，添加补充营养，浓度一般在0.3%以内。追肥可撒施在树盘上，结合松土与表层土壤混匀，通过滴灌不断渗入土壤（图5-20）。

图5-20
树盘上撒施的有机肥

苗期及新枝蔓旺盛生长期应以氮肥为主，花果期应以磷钾肥为主，腐熟的畜禽粪、腐叶土、豆饼、花生饼等都是良好的有机肥，同时要配合化肥速效肥使用。

浇水适量而充足对火龙果是必须的。在大量气根形成前，只能根系灌溉，但切忌长时间浸灌，浸灌会导致根系处于长期缺氧状态而死亡，也尽量不要从头到尾经常淋苗。火龙果的气生根具有吸收水分和氧气的功能，在管理得法的时候，可以迅速转化为吸收根。所以，在灌水施肥的时候，一般要顺势引导。使用扩穴方法，逐渐扩宽根系分布，必要时可以绑扎牵引诱导地上部气根下地。

在果实发育期要注意水分管理，不能急干急湿，也不可水分过大，否则容易造成裂果。

四、修剪

从幼苗开始，除保留一个顶芽分枝外，抹除其所有枝条。待主枝延伸至篱架最上方钢丝或支撑圈高度以上5～10cm截断主枝，促发分枝，分枝长到50～60cm时剪断，促发分枝，一般每株留枝10～15个，当分生枝生长到60cm以上时，采用类似于北方苹果枝条生长季节的拿枝技术，一手按住整枝直立生长枝条的基部，一手拿住上部，旋转向下扭弯（图5-21），但不能

图5-21　火龙果枝条的拿枝

折断火龙果枝蔓的中间维管束（图5-22，图5-23），促进枝条下垂，整枝使分生枝下垂，有利于开花结实（图5-24，图5-25）。火龙果生长旺盛，因此需要多次拿枝，枝条过多时，定期进行疏枝（图5-26）。另外枝条长过1.3m时，可以先进行摘心，也会自然下垂，形成结果枝（图5-27）。

图5-22　正常的拿枝效果

图5-23　拿枝过程中发生中间
维管束折断

图5-24　拿枝前的状态

图5-25　拿枝后的状态

图5-26　日光温室中火
龙果新梢旺盛生长

图5-27　火龙果枝条摘心处理

幼苗和幼树期整形依据来自其树体和枝条的基本发育规律。火龙果定植后15～20天开始发芽，植株生长迅速，一天平均能长高2cm左右，此期，会生长出许多枝蔓芽点，应剪除，仅留一个强旺的向上生长枝，利于集中营养，快速上架。在生产中安排2/3的枝条作为挂果枝，其他的枝条，在挂果枝已足够的时候，抹除花芽，保持营养生长，以备培养强大的后续挂果枝。已经挂果较好的枝，则应在该枝基部形成大而强壮的分枝后，进行疏剪，或者短切衰弱部分，将其作为营养枝扶壮。当大量结果，枝条衰弱时，可进行整体的修剪，重新培养强壮的结果枝条（图5-28）。当主干发生病害时，也应及时修剪，重新培养主干，或者新植苗木（图5-29）。主干上的萌芽要及时清除，避免浪费营养和影响主干的健康（图5-30）。

图5-28
更新后重新培养结果枝条

图5-29　主干发生
　　严重病害

图5-30　主干上的萌芽

五、除草与松土

火龙果的根系属于浅层根系，因此表面杂草要尽早清除，避免与火龙果争夺水分、养分。及时松土，避免板结不利于根系生长，并且避免松土时过多损伤根系。

六、病虫害与日灼等管理

火龙果在原产地为野生型，抵御病虫害的能力很强。随着近些年火龙果种植区域的增加，病害发生日趋严重，目前已发现的病害有炭疽病、枯萎病、黑斑病、茎枯病、果腐病、茎斑病、软腐病、溃疡病和煤烟病（果面黑霉斑，温室内通风性差时更容易发生）等（图5-31）。常见虫害有红蜘蛛和蚂蚁，蚂蚁常常为害生长点，用一般杀虫剂即可。温室栽培，最根本的是应以改善栽培条件入手，人为地创造洁净、通风、光照充足、温湿度适宜的环境，使植株健康生长，提高抗病虫能力。要注意加强科学管理，不施未腐熟的有机肥，施肥宁稀勿浓，防止积水。管理上注意不出现机械损伤，防止伤口腐烂。72%农用硫酸链霉素可溶性粉剂2500倍液可进行病害防治。

日灼是由强烈日光辐射增温所引起的器官和组织的灼伤（图5-32）。火龙果的日灼是由于温度过高、光照过强，导致枝蔓皮层及韧皮部因局部温度过高而灼伤，严重时仅剩木质部。杨运良等在山西日光温室栽培火龙果的研究中，认为火龙果在日光温室还会发生冬季日灼的情况，是由于白天太阳辐射下，枝蔓升温，夜间偶尔出现极寒天气，温室内短时间处于0℃以下，昼夜反复剧烈变温，使枝条皮层细胞多次反复冻融交替而受到破坏，起初受害的枝蔓皮层轻微发黄，之后出现裂纹及脱皮，最后局部干枯。杨运良认为冬季日灼与冻伤不同，冻伤后出现黄色斑点，严重时水浸状、透明，枝条变软；而冬季日灼的枝条表皮轻微变黄，严重时变黑脱

图5-31　火龙果茎腐烂病

图5-32　火龙果枝条发生日灼

落。高温天气时，为避免发生日灼，可采取如下措施：上午10时前或下午4时后灌水、喷水降低设施内温度；覆盖遮阳网，或者在塑料棚膜上临时撒泥浆；加强通风，温度过高时，适时去膜。

参考文献

［1］吕春茂，范海延，姜河，等. 火龙果日光温室引种观察及栽培技术［J］. 北方园艺，2003(1): 19-20.

［2］董家行，陈国安，郑淑清，等. 北方地区日光温室火龙果栽培技术［J］. 河北农业科技，2003(1): 26.

［3］刘志虎，薛宝贵，李晓娟，等. 河西走廊日光温室火龙果栽培环境控制技术研究［J］. 特产研究，2022,44(4): 105-109.

［4］郑伟，王彬. 火龙果生物学特性、保健价值及其发展前景［J］. 西南园艺，2004(3): 47-48.

［5］戴宏芬，李俊成，孙清明. 火龙果新品种粤红5号的选育［J］. 果树学报，2022,39(11): 2205-2208.

［6］李俊成，戴宏芬，孙清明. 火龙果新品种'红水晶6号'的选育［J］. 果树学报，2022,39(10): 1973-1976.

［7］张瀚，杨福孙，胡文斌，等. 火龙果果实生长及内含物变化规律［J］. 江苏农业科学，2022,50(11): 161-168.

［8］严中琪. 适宜舟山海岛地区种植的红心火龙果品种筛选试验简报［J］. 上海农业科技，2022(3): 72-73+75.

［9］金吉芬，郑伟，刘涛. 贵州南亚热带地区火龙果抗寒性调查［J］. 中国热带农业，2010(2): 36-37.

［10］申世辉，马玉华，蔡永强. 火龙果研究进展［J］. 中国热带农业，2015(1): 48-52.

［11］Stergios B G, Howell G S. Evaluation of viability tests for cold stressed plants［J］. Amer Soc Hort, J, 1973, 98: 325-330.

［12］苏明，彭寿宏，黄建祥，等. 大红火龙果采收的外观分级技术规范［J］. 果农之友，2022(6): 65-67+70.

［13］杨运良，李建勋，马革农，等. 日光温室火龙果枝条日灼产生的原因、危害情况及应对技术措施［J］. 中国南方果树，2021,50(2): 161-162.

［14］黄明厅. 火龙果栽培与管理技术［J］. 果树实用技术与信息，2022(7): 29-31.

［15］杨磊，胡莺菊，何云，等. '蜜红''白玉龙'火龙果果实糖度分布规律分析［J］. 热带作物学报，2022, 8: 100-107.

第六章
枇杷设施栽培

枇杷（*Eriobotrya japonica*（Thunb.）Lindl.）又名芦橘，是亚热带常绿小乔木果树，属于蔷薇科（Rosaceae）枇杷属（*Eriobotrya*）植物。由于其叶子酷似乐器琵琶而得名。主要分布于我国长江以南（北纬33.5°以南）各省（市、自治区），以浙江余杭、黄岩，江苏洞庭山，福建莆田、云霄，安徽歙县等地最多，其中福建莆田、浙江塘栖、苏州西山和苏州东山最为有名，被称为中国枇杷四大产地。枇杷在原产地于春末夏初的水果淡季成熟，上市时间比较早，果肉晶莹剔透，咬一口，汁水横溢，口感润滑香甜，多数消费者都很喜欢（图6-1）。枇杷富含维生素C和B族维生素，还含有大量的胡萝卜素，其中β-胡萝卜素在人体内可以转化为维生素A，是维生素A的安全来源，据测定，每100g枇杷果肉中含蛋白质0.5g、脂肪0.7g、果糖12.8g、果酸0.6g、钙54mg、磷28mg、铁0.4mg、胡萝卜素1.5mg。此外，枇杷还具有润肺止咳、抑制病毒、预防流感、调理脾胃、保护视力、美容养颜等功效。

图6-1　可以剥皮的枇杷果实

第一节 枇杷生长结果习性

一、根系生长习性

枇杷根系分布较浅，须根多，枇杷的垂直根系虽然可达1～1.3m，但80%的根系分布在10～50cm的土层中，因此在风较大的地区栽植枇杷时，要注意防倒伏。水平根分布面积是冠幅的1～2倍。在土温5～6℃时根系开始活动，9～12℃时生长最旺，18～22℃时生长逐渐减缓，30℃以上停止活动。一年中，早春根系先于枝梢开始活动，有一次生长高峰，也是一年中最大的一次生长高峰，随着枝叶生长，交替进行，全年有4次生长高峰。

枇杷根系需氧量大，再生能力弱，在通气性良好的砂壤土中和土层深厚、地下水位较低的红壤山地中，吸收根粗短，分布密而范围广，较发达。相反，在通气性差的黏重土壤中细根细长，分布稀疏而且范围较小，根寿命较短。

枇杷在土壤含水量9%～25%时都可生长，高于25%时根系生长显著减弱。因此，枇杷灌水要采用分区灌溉、滴灌等方式，避免一次浇大水，夏季注意防涝。同时要注意避开在地下水位高的地方栽植枇杷，防止根系不能向下伸展，甚至引发根腐病。

二、枝叶生长习性

枇杷叶芽形成于秋冬季节，芽体大，属于裸芽，覆盖鳞片，由7～8片嫩叶组成。春季，真顶芽发育为主芽，靠近顶芽的1～2个腋芽发育为侧芽。枇杷抽梢没有明显的季节性，一年四季均能相继抽生枝叶，虽有春、夏、秋、冬梢之分，但界限不明显。在温暖的原产地和生长旺盛的幼树，常常能抽出冬梢。王庆菊等研究发现，秋季在北方日光温室定植一年生'大红袍'和'冠玉'，定干后，剪口下一般有2～3个芽能萌发成枝，并在第二年春季继续生长。通过一年生长的观察发现，'大红袍'要比'冠玉'枝叶生长量大，树势强，形成较大的树冠。其中'大红袍'顶梢生长长度可以达到80cm左右、叶片50余片，枝粗1.6cm左右。'冠玉'顶梢生长长度达到60cm左右、叶片30余片，枝粗0.9cm左右（11月下旬到翌年9月下旬）。

春梢通常由营养枝的顶芽萌发而成。原产地一般在立春至雨水前后萌芽，至5月下旬停止生长，福建和江苏相比，两地之间相差1～2个节气。北方日光温室生长是在1月底2月初，气温开始转暖，温室温度容易上升时开始，如果日光温室高大，采光保温效果都好，生长也会相应提前，但可以控制温度升高幅度来延缓生长。春梢枝粗壮而短，叶大浓绿，生长充实。春梢大量发生在幼年树和花果少的树上，挂果多的树则基本上不发生春梢。春梢抽发会有三种类型：一是从上年营养枝顶端抽出，发生早，生长慢且充实；二是从初结果壮树和营养条件好的结果枝上的果穗基部腋芽抽出，生长快而长；三是从落花落果的结果枝腋间或疏折花穗后的断口附近抽出，抽生较迟。

三、开花结果习性

枇杷的花穗为复总状花序，每个花序上游30～200朵花，花朵常有香气，花瓣白色，长圆形或卵形，萼片有锈色茸毛，雄蕊20枚，远短于花瓣，花丝基部扩展，花柱有5个，离生，头状柱头，无毛，子房有茸毛。枇杷在原产地集中在每年10～12月份开花，花期自10月开始至第二年2月（图6-2）。北方日光温室枇杷花序出现和开花坐果时间持续很长，这与其品种、枝梢类型等有关。'大红袍'中心枝花序出现时间在8月末至9月初，开花时间在10月中旬到12月中旬，11月下旬出现第一次生理落果；侧生枝花序在10月上中旬出现，11月下旬开始开花；'冠玉'花序出现和开花时间比'大红袍'集中并且晚，中心枝和侧生枝花期接近，在9月下旬至10月上中旬花序出现，在11月上旬至12月上旬为开花期，12月上中旬是花后第一次生理落果期（图6-3，图6-4）。枇杷可于嫁接后第二年成花，其中'大红袍'成花枝率达到28.6%；随着树龄的增大成花枝率也有所提高。

图6-2
枇杷在秋冬季开花

图6-3
枇杷的花芽（左：'大红袍'，右：'冠玉'）

图6-4
枇杷的花序（左：'大红袍'，右：'冠玉'）

　　在南方原产地，枇杷花朵自然坐果率达到17%以上，但在日光温室内的坐果率较低，只有3%左右，这也许与花期昆虫活动性差、花粉育性以及环境控制有关。

四、果实发育特性

　　日光温室内的枇杷果实生长呈单S曲线，其中'青种'果实发育期106天，'大红袍'119天，'冠玉'126天。枇杷果实发育大致分为3个时期，即幼果发育期、种子发育期和果肉迅速膨大与成熟期（图6-5）。在日光温室内于4月中下旬成熟，果肉增厚主要集中在果实发育后期（图6-6～图6-8）。

图6-5 果实迅速膨大期

图6-6 '大红袍'结果状

图6-7 '冠玉'结果状

图6-8 '青种'结果状

第二节 枇杷生产概况与品种选择

一、生产概况

枇杷原产于我国，经过2000多年的栽培选择，各地形成了各具名品的枇杷种植原产地，如四川双流枇杷、新桥枇杷、文官枇杷、龙泉驿枇杷、资中枇杷，福建莆田枇杷、云霄枇杷，浙江塘栖枇杷、义乌枇杷，江苏苏州西山枇杷、东山枇杷，安徽三潭枇杷，贵州开阳枇杷等。据报道，目前我国枇杷栽培总面积近13万公顷，年产量65万吨左右，生产规模占世界枇杷的80%以上。种植规模四川最大，福建其次，产量以福建最高，其次是四川，重庆、云南、浙江、广东、江苏等也有较大生产规模。品种以'大五星''早钟6号''解放钟'为主。辽宁农业职业技术学院王庆菊和贾大新等早在2000年前后就将枇杷引入辽宁的日光温室进行栽培试验，在日光温室形成的小气候条件下，枇杷正常开花结果，试验取得成功，同时在沈阳等地进行了推广，丰富了北方观光农业水果种类品种。梁玉文等2009年将枇杷引入宁夏，在保护地中栽培取得成功，并且经过多项果实营养物质含量指标测定，认为在北方日光温室中栽培的枇杷品质要好于原产地的果实，这可能与北方优良的光照情况和较大的昼夜温差相关。由于在南方许多地区冬季低温是影响产量的主要因素之一，2016年1月份的低温，造成各地产量骤减，损失较大。每年12月下旬到翌年1月份的强寒流，以及3月上中旬的倒春寒，使花和幼果受冻，轻者减产20%，重者减产40%～50%。因此，近些年在浙江、江苏、四川、福建等部分产区也逐渐开展了设施栽培，在一定程度上降低了自然灾害的威胁。近10余年的发展加上北方设施栽培技术的应用，也使得我国枇杷鲜果的上市期得到了大大延长。

二、品种选择

王庆菊等将枇杷引入了辽宁的日光温室栽培，并进行了详细的调查。'大红袍'平均单果重34.8g，可溶性固形物含量为12.1%，总酸为2.97%，糖酸比为4.68。'冠玉'平均单果重30.8g，可溶性固形物含量为14.3%，总酸为2.56%，糖酸比为4.72。'青种'平均单果重30.5g，可溶性固形物含量为13.1%，总酸为2.30%，糖酸比为5.17。其中'青种'口感最好，甜酸适口；'冠玉'味甜较浓，微香；'大红袍'果个比较大。

'软条白沙'是浙江余杭品质最优良的鲜食品种，也是以质优而闻名于全国的古老品种。其树势中庸，枝条细软，有时先端弯曲。花穗总轴先端及第一支轴均弯曲下垂，果梗细长而软。果实圆形或卵圆形，平均单果重30g，果面淡黄色，在阳面密生淡紫色或淡褐色斑点，果皮极薄，剥后能自然反卷。果肉乳白或黄白色，肉厚而细软，汁多。味甜酸适度，鲜味浓，可溶性固形物14%～18%，可食率73.7%，品质极佳。每果平均2.8粒种子，在当地6月上旬成熟。北方日光温室4月上旬果实成熟。但本品种抗逆性差，不抗寒，易裂果，产量不稳定，不耐贮运。

'青种'原为苏州市西山岛堂里乡王成才家实生苗变异所得。在枇杷成熟时，枇杷果蒂处还泛着青绿色，这是它区别于其他品种最重要的特征，'青种'枇杷也因此而得名。树势较强，桂冠开展呈圆头形，枝较长。叶大，呈正椭圆形，平均果重33.2g，大者可达50g，圆球形，果顶平广。果面淡橙黄色，皮薄易剥离。果肉淡黄色，肉厚0.68cm，汁多，可溶性固形物超过13%，有的达到15%，甜酸适口。北方日光温室4月中下旬果实成熟。

'冠玉'是江苏省太湖常绿果树技术推广中心1983年选育，1995年通过江苏省农作物品种审定委员会审定，并定名为'冠玉'。该品种树冠高，圆头形，生长势强，在苏南地区一年抽发3次新梢，分别为3月上旬～4月上旬、5月下旬～6月上旬和8月中旬～9月上旬；11月上旬初花，11月下旬～12月中下旬盛花；幼果迅速膨大期为4月初～5月上中旬，6月上旬果实成熟。北方日光温室3月上中旬幼果迅速膨大，4月中下旬果实成熟。以夏梢为主要结果母枝。果实圆球形或椭圆形，单果重43.4～61.5g，大者达70g。果柄长，果面乳白或乳黄色。果肉白色或乳白色，肉厚达1cm以上。肉质细而易溶、汁多，可食率66%～71%，可溶性固形物13.4%，微香，味浓甜，丰产，耐贮，抗寒性强。

'大红袍'是安徽省歙县绵潭村汪长财从浙江塘栖引进的'大红袍'实生后代变异株中选出，至今已有数十年的栽培历史，是当地的主栽品种。安徽'大红袍'树势较强，树冠高，圆头形，枝条稀疏粗软。果实近圆形，果顶宽平，皮厚，橙红色，稍难剥离，较耐贮运。果肉橙红色，厚0.9～1.3cm，单果重40～50g，最大超过100g，肉质略粗，汁液中等，味酸甜，略带香气，可溶性固形物含量为11%，可食率为70%，每果有3～5粒种子，鲜食、制罐均可。安徽'大红袍'在原产地是5月下旬～6月上旬成熟。北方日光温室3月中下旬果实成熟。

'白玉'是从江苏吴县（今苏州市吴中区，下同）洞庭东山槎湾村实生'早黄白沙'选出。1983年被定为优良品种。品种树势强健,生长旺,枝条粗长,易抽生长夏梢,树冠紧密呈高圆头形。果实大,椭圆形或高扁圆形,果重33.1g,大者36.7g,果面淡橙黄色,茸毛多,果皮薄韧易剥离,果肉白色,平均厚8.5mm,肉质细腻易溶,汁多,风味清甜,品质佳,可溶性固形物12%~14.6%,可食率70.6%。10月下旬~11月上旬初花,11月中下旬盛花,1月上旬终花,果实5月下旬成熟。

'照种',又名'照种白沙',原产于江苏吴县洞庭东山,是当地主栽品种。树势中庸偏强,叶长椭圆形,叶厚,深绿,皱褶明显。果实圆形,果顶部宽,基部钝圆,平均果重30g,果实成熟时果面淡黄,果肉淡黄色,皮薄,汁多,肉质细,甜酸适度。种子3~4粒,种皮易开裂,露出子叶。可溶性固形物12.9%。该品种有短柄、长柄和鹰爪三个品系,其中长柄品系最好,果大、果形整齐、不易裂果、较丰产、较耐贮运,唯种子较多,可食率较低。果实成熟期6月上旬。本品种开花期迟,耐寒,丰产,大小年不显著,果形整齐美观,较耐贮运。

'大五星'枇杷是四川成都市龙泉驿区于1978年通过实生选种而育成的优质大果型枇杷新品种,因其脐部呈大而深的五星状,故命名为大五星。果实椭圆形,平均果重68g,最大194g。果皮橙黄色,茸毛浅,果皮较厚,易剥离。果肉橙红色,柔软多汁,种子2~3粒。可溶性固形物14.6%,可食率78%。果实硬度高,果皮韧性强,耐贮藏运输。常温下可贮运10天以上,在冷藏条件下可贮藏两个月。在重庆地区9月下旬至次年1月为花期,果实5月上旬成熟。北方日光温室4月上中旬果实成熟。树势中庸,树形开张,结果早,以夏梢和春梢结果为主,早结丰产。

'早五星',是成都龙泉驿区科技人员从'大五星'实生树中选出的早熟枇杷之王,平均果重66g,极早熟,在成都地区一般在4月中旬左右成熟,比'大五星'早熟半个月左右,系当地成熟最早的品种,其他性状与'大五星'基本相同。北方日光温室3月上中旬果实成熟。

'早钟6号'枇杷是福建省农科院以'解放钟'为母本、日本良种枇杷'森尾早生'作父本进行有性杂交而培育出的早熟新品种,1998年通过福建省农作物品种审定,是早熟、优质、大果、丰产性好的枇杷品种。其树势旺盛,树姿较直立,枝梢粗壮,树形较开张,早熟丰产。果实倒卵形或洋梨形。平均单果重52.7g，最大者可达100g以上。果皮及果肉均呈橙红色，果皮中等厚，易剥离。果肉厚0.89cm，肉质细致，汁多味甜，口感好，香气浓，可溶性固形物含量为11.9%，可食率达70.2%，每果平均有4～6粒种子，鲜食制罐均宜。成熟期在福州为4月上旬，在成都龙泉为4月下旬，在广西桂中、桂南可提前到3月中下旬。北方日光温室3月上中旬果实成熟。

第三节　枇杷设施环境调控

一、设施选择

在北方，由于枇杷属于乔木，宜选用温室脊高相对较高的温室，以提供给树体生长足够的空间，优选保温性能好的温室。但由于枇杷在冬季处于相对缓慢的生长期，而且较耐低温，因此使用保温性能相对较差的温室，即冬季棚内夜间最低温度能够保持在0℃以上即可。日光温室应用采光结构合理、透光率高的温室，对保温性有较大的保障。在温度不能保证在0℃以上时，应采用必要的加温设备。

二、环境管理

1. 温度

枇杷原产于北亚热带阔叶针叶混交林中，性喜湿润，雨水充沛和空气湿润的气候条件有利于枇杷的生长。姜燕敏等根据气象行业标准《枇杷冻害等级》（QX/T 281—2015）与浙江丽水枇杷开花和幼果期气候特征，将11月上旬至第二年2月上旬定为枇杷开花期，1月下旬至3月下旬设定为幼果期，分别按照日极端最低气温将枇杷开花和幼果期分为轻、中、重和极重4个冻害等级。其中开花期极端最低气温分别为−4～−3℃、−5～−4℃、−6～−5℃和低于−6℃，幼果期极端最低气温分别为−2.5～−1℃、

−3.5 ～ −2.5℃、−4.5 ～ −3.5℃和低于−4.5℃。枇杷树体在气温−18℃时尚无明显冻害，但花在气温−3℃、幼果在气温−1℃时开始受冻，'软条白沙'枇杷尤甚。

日光温室内花期（10 ～ 11月）白天温度控制在15 ～ 25℃，夜间6 ～ 15℃；幼果期（12 ～ 1月）白天温度15 ～ 25℃，夜间5 ～ 12℃，幼果对低温十分敏感，应避免−2℃以下低温，或温差过大，温度变化剧烈；果实膨大期（2 ～ 3月）白天温度18 ～ 25℃，夜间7 ～ 12℃，此期温度容易升得过高，应避免30℃以上的高温，否则果实发育过快，品质较差。4月份后视外界温度情况，逐渐撤去棚膜。

2. 光照

枇杷在冬春季节温室栽培，温度低，日照短，光照强度弱，又受塑料薄膜等的阻隔，光强不足自然光的80%，甚至60%，严重影响光合能力，影响果实生长和风味品质，因此需要一定时长的补光。补光的方法有：增设补光灯，每天早晚开灯补光3 ～ 4h，阴雨天补光8 ～ 10h；树冠下覆盖银灰色反光地膜，增加太阳散射光和漫射光补光；修剪过密过多的枝条，改善树体透光条件；在温度允许范围内，尽量掀膜透光，最大限度地利用太阳光源等。

3. 水分

温室栽培条件下，枇杷常处在高湿状态，夜间温度降低后，以及雨雾天相对湿度达95% ～ 100%，甚至超饱和状态，这种高湿极易使枇杷发生灰霉病，特别是花期高湿，影响授粉受精；而在晴天中午前后，温度升高到30℃时，相对湿度骤降至30%左右，这种湿度的剧烈变化，不利于枇杷的生长发育，特别是花期，务必严格控制湿度。因此，温室内的空气相对湿度，花期应控制在60% ～ 70%，其他发育阶段以50% ～ 70%为宜，并保持相对稳定。

湿度调控主要采取以下方法：地膜覆盖，减少土壤水分蒸发，以降低湿度；及时通风换气，降低湿度；温度高、湿度过低时，树冠喷水增湿降温。

4. 土壤

枇杷是一种喜钙植物，吸收钙最多、钾其次、磷最少。张燕研究了贵州喀斯特地貌土壤类型上野生枇杷的立地土壤养分特性，喀斯特地区高变异的土壤养分特征（高钾、高钙、低磷），对植物种类有强烈的选择性，导致很多经济植物很难正常生长，但调查发现野生枇杷在此分布广泛且生长良好。这是因为枇杷对土壤中有效磷含量的适应范围广，且在 pH 值为 4.8～8.32 之间都生长良好，对土壤酸碱度要求不高；另外，喀斯特地区枇杷立地土壤多为壤土，土层浅薄，水分容易渗漏，不易积水。

第四节　枇杷花果管理

一、花期管理

枇杷花期长达 4 个月左右，开花时间从 10 月份持续到第二年 2 月初。在北方日光温室，全树开花需 3 个多月，一穗开花需半个月至 2 个月。按开花时间一般分为三批花：9 月份至 11 月中旬开的花为头花，11 月下旬至 12 月份开的花为二花，1～2 月份开的为三花。头花生育期长，果大品质好，一般留头花和二花（图6-9）。

图6-9
设施栽培枇杷坐果

由于头花开花早，幼果相对不耐寒，更容易受到冻害影响。因为开花期和幼果期有一定的交叉重叠，虽然花期能抗 −6℃的低温，但 −3℃已经开始受害，幼果能抗 −3℃的低温，但 −1℃也已经开始受害。此时温度是一年中最低的时候，要注意保温防寒，避免降至0℃以下。虽然在北方日光温室中，不会出现过低的温度，但要控制白天的温度不能过高，不要高于25℃。

二、疏花疏果

枇杷的每个花穗一般都有50～100朵花，多的达250～260朵，少的30～40朵，生产上形成产量所需的花数仅占总花数的5%～10%。花穗过多，坐果率不高，反而消耗大量养分。在花穗过多时，为了保证果实发育良好、调节叶果比例和促使春梢和夏梢发枝，达到年年丰产优质，克服大小年结果的现象，应进行疏花疏果。疏穗时间在花穗用肉眼即能分辨主轴、支轴以及花蕾处在生长发育期为最好，即一般10～11月花序形成后，小花梗尚未分离时的花穗抽生期可进行疏花穗，这时疏穗能节省养分，宜早不宜迟。疏花穗时，一般宜疏去长结果母株上的花穗，选留顶生的短结果母枝的花穗，因为这种花穗开花早，将来果大、早熟、品质好。疏去树冠密生花穗的方法是将全穗折除，疏去弱穗，尤其是秋梢上分化不好的花穗。疏穗时用剪刀从花穗基部剪去，保留叶片，切忌拉扯。11月～12月下旬，进行疏花，花穗现蕾伸长时，剪去花穗的1/3～1/2，这样可提高坐果率，使果实较均匀，提早成熟3～7天。

坐果经幼果期落果后，进行疏果，首先疏去病虫害果和畸形果，然后再疏去小果和过密果，留下大小均匀的果实，使成熟期均匀一致。疏果时原则上做到强枝多留、弱枝少留；树冠下部、内膛和壮旺枝多留，反之则少留。留下果穗中段花期相近、大小一致的幼果，留果不宜分散。每穗留果数：大果品种2～3个，中果品种3～5个，小果品种5～8个。于果实横径达1.5cm时，再进行一次定果。疏果应先疏冻害果，再疏密生果。

石丝对激素等疏花疏果剂对'大五星'枇杷疏花疏果作用进行了研究，结果表明，5mg/kg的萘乙酸、20mg/kg的萘乙酰胺、0.4g/L的乙烯利、

0.1g/L的甲萘威在盛花期施用效果较好，降低了果实负载量，且在一定程度上增糖降酸，提高了果实品质；同时加速了果实生长发育进程，有利于提早成熟。

三、套袋

温室内果实套袋可防止病虫为害，预防紫斑病，减少日灼、果锈和裂果；可保持果皮上的茸毛完整，色泽鲜艳，可使果实着色好，果色较均匀，斑点少，提升外观品质，提高果实商品价值；可避免药液喷洒在果面上。套袋时间以最后一次疏果后进行为宜（图6-10），套袋前必须喷一次广谱性杀虫剂与杀菌剂的混合药液。以专用果袋为好，也可用旧报纸自做果袋。大型果可一果一袋，小果品种则一穗一袋。袋的形状大小依果的大小而定，一般为长方形，大小为（20～30）cm×（10～20）cm，袋顶两角剪开，以利通气观察。在采果前5～10天去掉果袋，使果面接受光照以利着色。

图6-10
最后一次疏果后进行套袋

四、采收

枇杷为非跃变型果实，刚采收时，呼吸强度和乙烯产生速率较高，随后逐渐下降。枇杷果实在呼吸时，主要以有机酸作为基质，由于酸的急剧下降，导致糖酸比例失调，果实风味迅速变淡，以致失去食用价值。果实开始变黄时酸味很浓，成熟时果皮呈橙红色，此时应及时采收。采收过晚，糖酸都会缓慢下降，并且果皮皱缩。枇杷果实柔嫩多汁，果面上有蜡粉和茸毛，极易受伤。采果时应戴好橡胶手套，手拿果柄，留1cm果柄用剪刀剪下，轻放入筐中。要尽可能保存蜡粉与茸毛，避免一切机械损伤。枇杷不耐贮运，需用扁形硬纸板箱、竹箱或礼品盒，加以衬垫物后运销。

加工用的枇杷果实，可以8成半到9成熟；而市场鲜销的枇杷果实，则需要9成以上成熟。枇杷果实成熟表现出以下特征：果顶部的绿色减退，其中红砂类橙黄或橙红，或具本品种固有色泽，白砂类黄色、橙黄色或淡黄色；果面的茸毛或蜡粉分布均匀，能显示充分的光泽；果皮已变柔韧，去皮容易；肉色已具本品种固有色泽，其中红砂类橙红或橙黄，白砂类白色、乳白色、淡黄白色；口感肉质柔嫩，易化渣；甜或甜酸；微香或无香感；风味浓；手持测糖仪测定可溶性固形物含量，红砂类7%～10%，少数品种10%以上，白砂类12%以上。

按果实大小对枇杷进行分级，如：每千克有果18～20个为特级果；23～30个为大级果；31～38个为中级果；39～45个为小级果。或：单果重80g以上为特级果；60g以上80g以下为普通级果；60g以下为等外级果。在分级的同时，剔拣伤、残、畸、污、劣及腐烂果；清除一切对贮运、销售有不良影响的物质。

第五节　枇杷其他管理

一、栽植

根据温室条件和苗木生长状态，可在新梢生长停滞或缓慢期进行温室定植，长途运输的苗木，也可以适当剪掉一部分叶片，或者半叶（图6-11）。

枇杷树体比较开张，株行距不宜过小，以（1.5～2）m×3m为宜，也可采用双行带状栽植，株行距为1.5m×1.5m×3.5m。北侧离后墙至少有1.5m，南侧距离前底角1.5m。如果是8m跨度的温室，南北行向可栽4株，每亩可定植111～165株。如果采用计划密植，株行距可缩小至1m×（1～1.5）m。

枇杷是常绿果树，栽植时尽量带土球，如果是裸根苗栽植，应去掉部分叶片，以确保成活（图6-12）。

温室内可用开沟定植，沟宽和深各为0.6m。沟底铺20cm厚的炉灰渣以利提高地温和排水。底肥按每亩施入腐熟的有机肥5000kg、过磷酸钙300kg、钙镁磷肥300kg。

栽苗后，除注意树盘灌水、覆盖保湿外，还应注意适当给苗木喷水、遮阴，以防叶片失水过多而萎蔫。两周后逐渐缓苗（图6-13）。

图6-11 从杭州引进的枇杷苗

图6-12 新定植的枇杷树去掉部分叶片

图6-13
已经度过缓苗期

二、育苗技术

枇杷可以播种育苗，将枇杷种子取出，用清水清洗后就可以直接播种了（图6-14）。播前也可进行催芽，当种子胚根伸出后进行点播，可采用行距20～30cm，株距10cm。播后覆细土以盖平种子为宜，后覆1cm厚的草炭土或腐叶土。枇杷幼苗比较柔弱，覆土过厚会阻碍幼芽穿出土面，影响出苗率。

图6-14
枇杷种子播种育苗

枇杷种子大，营养充足，出苗后生长较迅速，待种子苗距地面15～20cm处生长到1cm左右粗时，即可进行嫁接。枇杷的嫁接以枝接为主，具体方法可用切接、劈接或插皮接。接穗选自良种母树、树冠外围、生长粗壮、腋芽充实的一年生枝条，剪后去除叶片，保留叶柄，以保护芽眼免受损害。接穗最好随采随接，如需外地邮运，应注意保湿，并尽量缩短邮运时间。嫁接后，砧木基部要保留3～5片叶片，以保证砧木正常的光合作用。

嫁接后25～30天检查成活情况，未成活的及时补接。当接芽长到4～5cm时，开始抹除砧木萌蘖，若抹得过早，不但影响砧木输送水分，降低嫁接成活率，还可能造成砧木死亡。小苗时期薄肥勤施，每半个月喷一次0.2%～0.3%的磷酸二氢钾，后期注意氮、磷、钾肥配合施用。当接穗新梢长至20cm左右时可进行摘心整形。

三、施肥灌水

磷大量存在于枇杷的生殖器官中，施磷可提高坐果率，促进根系生长，提高果实含糖量。缺磷的枇杷根系生长差，叶小、色暗绿，生长衰弱。钾大量存在于果实中，叶片、新梢含钾量也高。增施钾肥对促进果实肥大、提高产品质量有明显作用。钾还能促进枝条充实，提高抗病能力。钙在枇杷植株内是含量最多的元素，钙可以调节树体的酸碱度，在含钙丰富的土壤上，枇杷树势健旺。缺钙时枇杷芽色变褐、枯死。镁是叶绿素的成分，镁不足时叶脉间失绿，叶片发黄，提早脱落。

枇杷果实需钾最多，氮、磷次之。若氮肥过多，果实大，但色味都淡，外观和品质差；如钾肥过多，则果大、酸增加，但肉质较粗硬。因此，各要素应适当配合。施肥比例根据各地总结，幼树宜按纯 N ∶ P ∶ K（比例大体上为1∶1∶1）施用；盛果期树按1∶2∶3施肥。

促花肥：促花肥应早施，一般于9月上旬即现蕾前施入，施肥量约占全年施肥量的25%。每株成年树施速效性饼肥3kg，人畜粪水30kg，复合肥1kg。

幼果肥：12月～翌年1月春梢抽发前施入。施速效肥，施肥量占全年20%～30%。

壮果肥：于3月上旬春梢抽生前一周内施入，施肥量占全年施肥量的25%。每株成年树施腐熟饼肥2kg，尿素0.25kg，复合肥1kg，人畜粪水30kg，磷肥1kg。

采果肥：4月采果前后至夏梢抽发前施入，是最重要的一次肥。施肥量占全年50%。

王引等在枇杷采后（6月上旬）和开花前（9月上旬），在距离树干20cm处，开15～20cm深的穴，施入适量尿素，显著提高了枇杷根际土壤有机质、碱解氮含量，调节了花性，推迟了花期，从而推后了幼果期的到来，减少了低温对幼果的危害。

枇杷既怕干旱，又怕积水。花期久旱不雨会形成枯花。幼果久旱易形成瘪果，所以应及时采取覆盖、沟灌、喷水等措施抗旱。多雨季节易引起根系腐烂造成死树，要及时疏通沟渠，排除积水。

四、修剪

由顶芽抽出的中心枝生长缓慢且较短，下部腋芽抽生的侧生枝生长迅速且较长；枇杷的芽萌发时仅顶芽和附近几个腋芽抽生为枝条，其余下部的芽均为潜伏芽，通常不萌发，因此枇杷树体生长有明显的层性。枇杷树体在整形修剪时，幼树期以缓放为主；初果期之后可根据温室特点，以更有效利用温室空间为目标，前底角空间小，采用开心形为主，中后部空间较大，以主干分层形为主，树高最高宜控制在2.5m左右。

'冠玉'枇杷树姿直立，主枝开张角度较小，通常小于45°，在管理上应注重拉枝开张枝角，并结合环剥等促花技术促成花芽分化；'大红袍'枇杷树姿过于开张，主枝开张角度大于60°，有的甚至呈水平状态，在管理上应尽量吊枝，防止枝条垂地；而'青种'枇杷树姿、干性、层性及开张角度均优于前两个品种。因为侧生枝发生较多，在修剪上可以以疏枝为主进行枝量调整。

童万民等在浙江省兰溪市对15年生'软条白沙'进行春梢抹除，具有推迟花期和成熟期的作用，并且提高了产量和一级果比例。具体做法是在春季春梢抽生长到2～10cm长时，对刚抽生的部分进行抹除，抹除后再次抽发的迟春梢，每梢留1芽，多余抹去。每株枇杷树一半枝条这样处理，另一半常规处理。其中抹除5cm长未展叶的春梢起到了推迟开花的作用，同时产量和一级果比例最高。

五、病虫害等管理

枇杷主产区的病虫害较多，其中病害有灰斑病、斑点病、角斑病、炭疽病、煤烟病、赤锈病、枝干腐烂病、胡麻斑病、癌肿病、叶尖焦枯病、果实栓皮病、果实裂果病、日烧病和各种缺素症等侵染性和非侵染性病害；害虫有黄毛虫、舟形毛虫、角点毒蛾、木麻黄毒蛾、豹纹木蠹蛾、茶毒蛾、枇杷尺蠖、蓑蛾、刺蛾、小食心虫、灰蝶、网纹绵蚧、梨圆蚧、梨二叉蚜、桑天牛等。

引种到北方日光温室后，由于温室封闭环境和精细的管理措施，病虫发生很少，病害主要有裂果病、煤烟病和日烧病；虫害主要是蚜虫危害。因此，整个生长周期主要是防止蚜虫发生，及时清除落叶，并采用适当的栽培措施，就可以预防上述几种病虫的发生。

裂果病。是在果实迅速膨大期，因水分管理不当，果肉过分膨胀而使外果皮破裂的生理性病害。被害果实的皮肉开裂后，易被炭疽病菌或腐败病菌侵染及害虫寄生。预防的方法：选用抗裂果的品种；在幼果膨大期，用0.2%磷酸二氢钾液，或0.1%硼砂加0.2%尿素，多次根外施肥；及时灌水，满足树体对水分的需要，减少裂果；果实套袋，减轻裂果。

煤烟病。是因蚜虫等分泌物诱引，在叶片、果面、枝梢表面，不侵入寄主组织的暗褐色霉层。初期只有小霉斑，后扩大形成茸毛状。影响叶片光合作用和果实着色，使树势衰弱。防治方法：发病初，喷洒0.3%～0.5%石灰过量式波尔多液；做好整枝修剪，使树冠通透，减轻发病。

蚜虫。可在枇杷抽梢时危害幼嫩叶片，使叶片皱缩反卷。可用吡虫啉1000倍液两次，间隔7～10天。

参考文献

［1］王庆菊，贾大新. 北方日光温室枇杷生长发育规律和栽培技术的研究（摘要）［C］//中国园艺学会. 第六届全国枇杷学术研讨会论文（摘要）集，2013: 246.

［2］梁玉文，冯学梅，李阿波，等. 宁夏日光温室枇杷果实品质分析研究试验［J］. 农业科技通讯，2013(9): 103-104.

［3］王朝丽，何娟，徐红霞. 软条白沙枇杷设施栽培关键技术［J］. 现代园艺，2022,45(8): 22-24.

［4］姜燕敏，吴昊旻，刘娟，等. 浙江丽水枇杷开花期及幼果期低温冻害时空分布特征［J］. 干旱气象，2018,36(1): 124-129.

［5］童万民，张启，徐红霞，等. 春梢摘心对'软条白砂'枇杷花期与成熟期的影响［J］. 浙江柑橘，2019,36(2): 35-36.

［6］王引，陈方永，倪海枝，等. 白沙枇杷晚花避冻施氮效果研究初探［J］. 农业科技通讯，2019(1): 88-90.

［7］石丝. 不同疏花疏果剂对'大五星'枇杷花果疏除效应的研究［D］. 雅安：四川农业大学，2018.

［8］张燕. 贵州野生枇杷立地土壤养分特性研究［J］. 广东农业科学，2015,42(13): 65-70.

第七章
番石榴设施栽培

  番石榴（*Psidium guajava* L.）又称芭乐、拔子或鸡矢果，为桃金娘科（Myrtaceae）番石榴属（*Psidium*）常绿灌木或小乔木，原产于美洲热带地区，主要分布在墨西哥、秘鲁一带，是世界热带与亚热带地区广泛栽培的果树。约17世纪末传入我国，在台湾、海南、广东、广西、福建、江西和云南等地区均有栽培。果实呈圆形、卵圆形或梨形，果肉有白色、黄色、红色，风味香甜，口感有的清脆，有的软滑，可以鲜食，也可以加工成果汁、果冻、果泥、果酱、果粉、果干等；叶片含有芳香油，具有健胃、治疗痢疾、收敛止泻、消炎止血、治疗跌打损伤等功效，在医药、食品、畜牧等行业上应用广泛。番石榴果实富含蛋白质、维生素、糖类、非挥发性的有机酸、矿物质及芳香化合物等，具有很高的营养食用价值和药用价值。其中，富含的维生素C（是橘子的3～6倍）、番茄红素和抵抗毒素的物质，常吃能够促进新陈代谢、防癌抗癌、润肺利咽、美白淡斑、延缓衰老、收缩毛孔和软化角质层，并且能够使肌肤有光泽，保护皮肤细胞。有人报道番石榴降低血糖的作用与其抗氧化性息息相关，身体健康的志愿者和糖尿病患者口服番石榴果汁，都产生了降低血糖的效果。研究表明番石榴果实具有潜在的降血脂和降血糖功效，番石榴多糖能防止胰腺细胞的破坏，促进生成胰岛B细胞，从而具有抗糖尿病作用。更有研究指出，番石榴苷和广寄生苷可能是番石榴叶主要降糖活性成分。番石榴果中含有的酚酸和黄酮类化合物，具有保护肾脏的作用。此外，番石榴对大肠杆菌、金黄色葡萄球菌、铜绿假单胞菌和枯草芽孢杆菌都有较好的抑制和杀灭作用。

第一节　番石榴生长结果习性

一、根系生长习性

番石榴水平根系发达，张湘梅报道了在贵州旱坡地起垄栽培的番石榴，水平根系更为发达。番石榴的根系可以发生根蘖苗（图7-1），栽培中应避免根蘖苗的发生。

二、枝叶生长习性

番石榴随着主干不断增粗，树皮多呈片状脱落。枝条柔软有韧性，嫩枝四棱形，常具有茸毛，叶片对生，也具有细小茸毛。一年中可以多次抽生新梢，幼树可抽生5～6次，成年树抽生3～4次。

三、开花结果习性

番石榴花穗在叶腋处抽生，单生，或呈2～3分枝的聚伞花序（图7-2），花冠大，直径在5cm左右，具有4～6片花瓣，花瓣多为白色，雌蕊1枚，雄蕊多枚，子房下位（图7-3）。花芽分化对温度要求不严格，一年四季均能开花，但有两个相对集中的时期，分别为4～5月和8～10月，

图7-1　番石榴根蘖苗

如果不进行产期调控，春季花量比例大，为75%左右，称为"正造花"；秋季花量较少，为25%左右，称为"翻花"。春季花量大，由于坐果率高，大量结果，如果不进行有效的疏花疏果，往往生产的果实个小，不能形成高商品性状的产量（图7-4，图7-5）。

图7-2　番石榴花蕾期三花簇生

图7-3　番石榴盛开的花

图7-4　野生昆虫访花

图7-5　番石榴花冠脱落后坐果

王阿桂报道从广东省汕头市引入福建省长泰县的四个红肉番石榴品种，'西瓜红''粉红''桃红'和'紫红'正常抽生的春梢，结果枝率和着果率均较高，正常结果的丰产性均较好，但5月中下旬抽生新梢的结果枝率和着果率，'紫红'稍低，说明'紫红'的产期不易调控。

四、果实发育特性

番石榴果实生长发育呈双S曲线，李平等对'东山月拔'和'二十一世纪'两个品种，张朝坤等对'彩虹'和'红宝石'两个品种果实发育进行了详细的研究，发现均表现为"快-慢-快"的双S型果实生长曲线，即两个生长高峰期中间有一个生长缓慢期。张朝坤等发现随着果实的发育，果实形状也由长椭圆形逐渐变为椭圆形，果实第一次膨大期（'彩虹'持续到花后50天，'红宝石'持续到花后43天）主要是子房膨大发育成幼果；果实第二次膨大期（'彩虹'为花后78～113天，'红宝石'为花后71～99天），随着时间的延长，内含物质不断积累，果实迅速膨大，也是生长量最大的一次生长。值得注意的是，张朝坤等发现在缓慢生长期，'彩虹'果实的质量净增长量远低于'红宝石'（此期结束两个品种的平均质量分别为29.79g和41.13g，此期分别增长了7.81g和26.27g），并且观察到'彩虹'的果实中种子数量远远多于'红宝石'，因此推测营养被运往种子是'彩虹'此期果实增长缓慢的原因。温室栽培的番石榴，由于其种子比较硬，北方消费者多数需要引导，先切开并去掉种子部分再食用，所以石榴和番石榴的最大区别就是，石榴是吃种子的，而番石榴是吃皮的。但编者发现，每年在10月份前后成熟的一批果种，有一部分果实中没有种子，而形成中空的状态，果实相对略小于正常果实，这样的果实可食率高，大大提高了食用的便捷性。因此番石榴在花期避免授粉，使用赤霉素处理是否可以生产果实尚待进一步试验研究。

第二节　番石榴生产概况与品种选择

一、生产概况

　　番石榴经历了从传统型番石榴、大果型番石榴、泰国番石榴到新世纪番石榴、水晶番石榴、珍珠番石榴等品种的更替过程，许多原有的品种被淘汰，或者变为野生品种。由于选育的新品种果个大，丰产性好（图7-6），抗病性也强，加上番石榴可以预防以及治疗糖尿病的功效被发现后，需求量不断增加，种植面积迅速得到扩大，原来只是小宗水果，慢慢成为水果批发市场上的常客。番石榴植株适应性强，果实采收期长，果实产量高，种植见效快，叶片也具有开发利用价值，产业需求、市场看好，因此成为近年来我国南方地区重点发展的亚热带名优水果之一，发展迅速。目前露地栽培的有广东、广西、福建、海南、台湾、贵州、云南等地。其中海南的琼海市形成了产业化、集约化、品牌化的番石榴生产基地，种植面积达到2.3万亩，年产量达4.6万吨，产品出口新加坡、日本、德国等国家。台湾的番石榴栽培起步早，栽培面积在2001年就达到11.5万亩，产量超过18.5万吨。广西在2010年种植面积已超过19.5万亩，其中玉林市面积就有2.1万亩，并建立了番石榴种植资源圃。如今在设施农业的发展下，番石榴也跨越气候带，凭借着其速生、早果（图7-7）、丰产等特点，在北方日光温室中身影频现。

图7-6
番石榴幼树大量结果

图7-7
番石榴苗木结果

二、品种选择

刘永霞等2003年将'珍珠''新世纪'两个番石榴品种引入北京日光温室栽培，表现出很好的适应性，植株生长快速，种植当年可以开花结果。在南方产地和北方日光温室，目前种植面积较大、产量和品质都有较好表现的品种是'珍珠'番石榴。'珍珠'番石榴是台湾凤山园艺试验分所1991年选育出的白肉品种，单果重248g左右，可溶性固形物含量11.6%左右，维生素C含量达到每100g鲜果含有171mg。目前在南方广泛种植的番石榴品种主要有'吕宋''新世纪''珍珠''梨仔''八月''水晶'和'红番'，这些番石榴品种也可以引种栽培，以丰富栽培品种，并为北方选育新品种创造条件。

李升峰等对不同品种番石榴的果实品质和果汁适制性进行了评价，发现'珍珠'的可溶性固形物含量最高，可滴定酸含量也较高，是风味最好的品种；'新世纪'的维生素C、总酚含量和体外总抗氧化能力（TAC）最高，是营养价值最高的品种。综合评价'新世纪'分数最高，果汁适制性评价中'珍珠'分数最高。

番石榴品种根据果实成熟后的硬度和香气，可分为软肉浓香型和硬肉淡香型两大类。据张朝坤等介绍，福建省早期种植的番石榴主要为软肉浓香型品种，果实成熟后肉质软、不耐贮运、货架期短，因此限制了大面积的经济栽培。又由于果大、货架期相对较长，产期可调节的'珍珠''彩虹'等硬肉淡香型品种的引进，使原有地方品种多处于野生或半野生状态。张朝坤等在其中筛选出了软肉浓香型的优异株系'红香1号'，单果重为203g，果肉红色或粉红色，肉质软绵细腻，香气浓郁，平均可溶性固形物含量10.8%，货架期达到5天左右。并且发现浓香型与淡香型番石榴的主要区别是酯类香气物质的种类和含量不同，浓香型的品种酯类香气物质多，且含量高。

王阿桂报道'西瓜红'丰产、稳产、结果性能好，产期易调控，果实口感清脆、甜酸适口，可溶性固形物含量11.5%，果肉鲜红亮丽，品质优，属于硬肉淡香型品种。'粉红'和'桃红'丰产性好，属于软肉浓香型品种。'紫红'属于软肉浓香型品种，生长势较弱，丰产性差，果个小，但它的幼果为红褐色，叶、花、花萼和成熟果皮都呈紫红色，因此很适合作为盆栽材料使用。

第三节　番石榴设施环境调控

一、设施选择

番石榴可以通过修剪措施控制树高，又由于其新枝成花结果特性，对温室等设施的高度要求不太严格。编者将番石榴栽培在3.5m高的温室中，经过几年的生长结果后，植株逐渐长高，由于其生长量很大，很容易生长到温室外面（图7-8），因此，保证设施最低高度3.5m是必要的。另外，其不耐严寒，5℃以下时，新梢和幼果发生冷害，新梢凋零，幼果脱落，树体在0℃以下会发生冻害（图7-9），枝梢干枯严重时植株冻死。因此对温室冬季采光和保温效果要求较高，如果还计划在秋冬季或冬春季生产果实，就要对保温有更高的要求，并且需要添加必要的辅助加温设备。另外由于其果实耐贮性差，果皮薄，怕磕碰，要选择交通便利的地段修建温室，便于采摘和果实运输。

图7-8　生长到温室外面的番石榴

图7-9　温度过低引发的冻害

二、环境管理

1. 温度

番石榴适宜生长的温度为23～28℃，低温不要低于0℃，果实发育期最低温度要在15℃以上。冬季温室内生产果实，要适当进行加温，避免温度过低引起落果。在4月份外界温度稳定升到15℃以上时，可撤掉塑料膜，露天栽培。9月份温度低于15℃时，要及时覆盖塑料膜，进行升温栽培。

2. 光照

在光照充足的条件下，番石榴生长发育良好。要保证番石榴的正常光照，并且注重修剪，通风透光，保证树影下有一定量的直射光斑。当下部光照不足时，下部枝条枯死，容易上强下弱，下部开花结果不良。

3. 水分

番石榴叶片大，生长迅速，水分蒸腾量大，因此其怕旱忌积水，生长需要丰富的水资源，最好安装滴灌或喷灌设施，要保持土壤湿润，也要注意防止夏季雨水过多发生水涝。

4. 土壤

番石榴对环境的适应性很强，一般地力的土壤条件都可以生长，但适宜土层深厚、有机质丰富的肥沃土壤和微酸性土壤，这样才能促进番石榴树体生长和保证高产稳产。土壤pH值在4.5～8之间均可以生长。

第四节　番石榴花果管理

一、花期管理

为了促进番石榴开花结果和控制枝叶生长，要及时进行摘心，一般留

6节（6对叶片）进行摘心。并且对过密枝、重叠枝进行摘心，避免枝叶过密相互遮阴。

二、疏果

番石榴自然坐果率较高，要进行疏花疏果。一般重修剪后，随着新枝的生长，在叶腋内抽生花蕾，有单花、双花和三花簇生（图7-10），通常疏除花蕾使每个叶腋中有一朵花即可。第一次疏果可在落花后15天左右进行，每枝可留3～4个果。第二次疏果，也是最后的定果，一般在果实直径达到3cm左右，套袋前进行。一般每个健壮枝条留1～3个果，小枝视留果量情况可留1个果，或者不留。及时去除发育不良的果实和畸形果。张朝坤等研究认为，番石榴果实发育的第一个快速生长期在落花开始后的45天左右，是果实质量增长较快、果实膨大、产量形成的关键时期，在整个果实生长发育过程中起到决定性的作用，因此要在此期内完成疏果工作，同时加强肥水管理，促进果实生长发育。

双花簇生

三花簇生

图7-10
双花和三花簇生

三、套袋

为防止番石榴果实蝇危害，可以在果实生长到直径3cm左右时进行套袋。套袋前先喷布一次病害防治性药剂，待果面药液干后进行套袋。从时间上看，套袋时间在盛花后45天左右，此时果实已开始转蒂下垂。一般套两层袋，内层为泡沫网袋，规格为13.5cm×7cm，外层为透明塑料袋，规格为25cm×18cm。

四、采收

番石榴果皮嫩薄，采后番石榴果实极易碰伤、软化、黄化和腐烂，严重影响番石榴果实的食用品质和商品货架期，因此要特别注意，避免磕碰。适时采收可保证良好的品质，延长贮藏保鲜时间。过早采收的果实硬、表面粗糙，过晚采收的果实果肉易腐烂。一般八九成熟采收为宜，采摘园栽培可以等到果实完全成熟，或者完全成熟时采摘后放入冷库中保存。新鲜果实室温下通常能够贮藏1周左右，成熟度高的完熟果室温下贮藏时间更短，因此每天都要安排采收。而春季开花结果和夏秋季开花结果，由于果实生长发育时期的温度不同，果实生长发育的时间长短也会不同。因此完全按照落花后时间计算，并不能准确判断果实的成熟度，主要还应从果实底色、外表色泽和果实硬度上来判断成熟度。一般果皮有光泽，呈现黄绿色时即可采收（图7-11，图7-12）。采收可选择在一天中的早晨温度较低时进行，避开高温时间段。用采果剪剪下后，保留果梗和原有的泡沫网袋，轻放并避免相互碰压。

番石榴果实采后软化是采后品质劣变的主要问题。软化主要是由淀粉

图7-11　尚未成熟的果实
果皮呈现浓绿色

图7-12　逐渐开始成熟的果实
果皮绿色变浅

酶、纤维素酶和果胶酶等水解酶的作用，加速番石榴果实中的淀粉和细胞壁的降解引起的。多项研究结果表明，番石榴属于呼吸跃变型果实，1-甲基环丙烯（1-MCP）是一种高效安全的乙烯受体抑制剂，广泛应用于果实保鲜处理，使用1μL/L的1-MCP处理番石榴果实，可以延缓果实衰老和软化进程，从而延长采后贮运保鲜期。

郭婉秋等报道，番石榴果实采收后使用46～48℃热水处理8～16s，可减少'珍珠'和'水晶'番石榴果实冷害和腐烂的发生，能够维持较好的果实硬度和脆度，延缓果实果皮色泽转黄，延长果实贮藏寿命。番石榴果实对冷敏感，温度太低（低于5℃）容易发生冷害，因此通常低温贮藏的温度要控制在8～10℃，湿度保持在85%～90%，这种条件下可以贮藏2周左右，能够保持较好的外观颜色、硬度和风味。还有研究表明，椰子油涂层与生长延缓剂、芥末油和液体石蜡相比能够更好地延长番石榴果实的保质期。

番石榴果实都有香味，而且随着果实变软，香味会越发浓郁，但是放置时间过长，果实就开始腐烂，香味会恶变，这也是"鸡矢果"别名的由来。

第五节　番石榴其他管理

一、栽植

通常在温室内以2m×3m的株行距进行栽植，按照株行距先挖好定植穴，可以按60cm宽、60cm长的方坑，深挖60cm以上，拌入大量腐熟有机肥、秸秆等有机物质后回填，灌水下沉后，再挖小的定植穴进行栽植。苗木可以用多菌灵等消毒后，进行栽植，栽植深度以原来苗木土印处为好，但要注意不可深栽。按照树体大小做好树盘，灌足水，覆盖一块地膜，如果温度过高要进行适当的遮阴，定植半个月内的缓苗期间，以低温管理为宜，待缓苗后逐渐撤去遮阴设施。如果枝叶过多、根系较小，也可剪去部分枝叶，减少水分蒸腾。定植后在苗高50cm左右处进行短截，促发分枝，以便选留主枝。番石榴在良好管理下，栽植后缓苗快（图7-13）。

图7-13 番石榴缓苗快，生长迅速

北方日光温室栽培，尤其是容易发生涝害的地区，可采用起垄栽培，垄台高30cm，台面宽1m，这样地温容易升高，促进冬春季节根系发育和树体生长，夏季排涝速度快。张湘梅报道了在贵州旱坡地起垄栽培的番石榴，由于春季地温上升快，现蕾和开花期均提前了1周左右，果实品质提升，总体产量有所增加。

二、育苗技术

番石榴的苗木繁殖技术包括播种、扦插、嫁接和组织快繁等。其中种子繁殖的后代有较大的变异性（图7-14，图7-15），不适于直接用于生产，但可以作为砧木，嫁接其他品种。

番石榴种子播种容易出苗。种子取出后，可直接播种，出苗后要及时移栽（图7-16）。

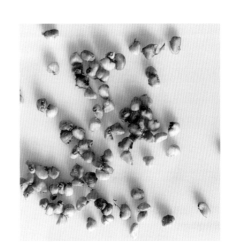

图7-14 番石榴的种子

图7-15　实生苗大小差异显著　　　　图7-16　番石榴实生苗

三、施肥灌水

北方温室中栽培番石榴，以每年重修剪两次，产出两批果实为宜，在每次重修剪后都要补给有机肥，并配以适量复合肥。番石榴的生长量大，结果量大，营养损失多，肥料的及时补给是必要的。通常每次每亩地可施入2500kg腐熟的牛粪、猪粪或鸡粪等有机肥，配合施入50～100kg氮、磷、钾比例为1：1：1的复合肥。施肥时可在树盘一侧进行扩穴深翻，施入肥料后结合进行一次灌水。

在主要的快速生长季节，从4月份开始每两个月要追肥一次，以复合肥为主，也可以增施腐熟的有机肥，可结合中耕除草进行。促进枝叶生长可以每次追施尿素，果实迅速膨大期可以追施硫酸钾等钾肥。也可在果实发育期叶面喷施磷酸二氢钾。

番石榴的叶片面积大，土壤水分不足时很容易萎蔫下垂，对水分多寡反应敏感，因此最好安装滴灌或喷灌设备，经常保持土壤湿润状态。

四、修剪

番石榴可选择多主枝杯状树形修剪方式,选留3～5个分布均匀的分枝作为斜向上的主枝,在主枝上选留侧分枝和结果枝组。由于番石榴是随着新枝发生生长,花芽开始形成并开花结果,对修剪技术要求较宽泛,只要满足空间的有效利用,使枝条均匀分布,就能达到产量及品质的要求,但修剪量较大,修剪的频次较高,所以要及时进行修剪管理。结果后的重修剪通常修剪量最大,以便腾出空间让新枝继续生长。由于番石榴是常绿果树,虽然重修剪量大,但是仍然要保留一定的叶片量,尽量保持地上下的平衡关系。幼树期间枝量不大时,要进行反复摘心促进分枝发生,结果后要适当给予支撑。随着树龄增长,逐渐培养其负载能力强大的骨干枝系统。进入盛果期后,树体长大,根系发达,往往生长过旺,要加大修剪量和修剪的频次,维持好营养生长和生殖生长的平衡。避免结果部位外移,要进行适当的更新,可将结果枝组伐留,以基部发生的新枝取代之。对生长多年枝干过高、结果部位已经外移或上移的,可以在主枝20cm处回伐,更新生长(图7-17)。

生产上多通过重修剪时期的不同来调节果实的成熟期。一般在每年5～6月进行一次重修剪,使果实成熟期推迟至10～12月;在每年8～9月进行第二次重修剪,使第二批果实在第二年的2～3月份成熟。第一次重修剪,重点短截外围枝条,降低树冠,留出空间,疏除直立的徒长枝,和内膛细弱枝,当年萌发的春梢保留2对叶片短截,并摘除春梢上的花蕾或幼果,促进夏梢萌发生长和开花结果。第二次重修剪,重点是短截未挂果的夏梢,保留3～5对叶片即可,已挂果的结果枝,在果实节位上方留

图7-17
番石榴更新回伐的大主枝

4～6片叶短截，促进秋梢萌发生长和开花结果，生产第二批果实。

徒长枝生长量大，会消耗大量树体营养，也容易造成上强下弱，上面枝条生长迅速遮挡下面枝叶的光照，导致下面枝叶枯死，因此要及时对强旺的枝条进行摘心，对过密的枝条进行疏除。

结果位置通常从新枝的第2～4节开始抽出，因此留够6节以上可以进行摘心，以促进下面开花结果。通常管理中要在果实上部的枝条留2～4片叶摘心或者短截。

五、病虫害等管理

番石榴病虫主要有果实蝇、蚜虫（图7-18）、蓟马、白粉虱、介壳虫、溃疡病、炭疽病、立枯病、焦腐病、煤烟病和轮纹病（图7-19）等。果实套袋可有效防止果实蝇发生，也可挂置糖醋酒液瓶进行诱杀。溃疡病和立枯病，可选用硫酸铜和石灰以1∶2比例混合液涂抹伤口。其他病虫需要使用杀菌杀虫剂如甲基硫菌灵、代森锌、百菌清、吡虫啉、抗蚜威、氰戊菊酯、螺虫乙酯等进行药剂防治。

番石榴枯萎病在植株上的所有部位都可能会出现不规则病斑，沿着维管束进行蔓延，被感染的部位变为黑色，最终导致病部干枯死亡。崔一平等报道引起该病的病原菌为烟草黑胫病菌。

番石榴的叶片抗红蜘蛛危害能力强，编者在番石榴和阳桃混栽的温室

图7-18　蚜虫危害番石榴花和叶

图7-19　番石榴果实轮纹病

中发现，阳桃的红蜘蛛大发生时，番石榴的叶片保持完好，不被红蜘蛛危害。同样，温室中的番石榴枝叶较少发生病害。刘永霞等报道温室内番石榴有线虫发生，可用噻唑膦、菌线威、二氯异丙醚、普二硫松或苯线磷等药剂稀释后灌根处理。

参考文献

[1] 刘永霞，许永新.番石榴北方温室栽培技术［J］.北京农业，2010(7): 25.

[2] 汪晓云，王家明.南果北种专题系列（七）番石榴设施栽培技术［J］.农业工程技术（温室园艺），2006(6): 52-53.

[3] 王国全，孙薇薇，宋宝香，等.内蒙古赤峰日光温室番石榴栽培管理技术［J］果树实用技术与信息，2022(2): 34-36.

[4] 陈宗玲，陈信友，屈士友，等.珍珠番石榴北方温室栽培产期调节技术［J］.中国果树，2013(4): 66-68+86.

[5] 陈信友，陈宗玲，屈士友，等.套袋对温室番石榴果实品质的影响［J］.北京农业，2013(3): 29-30.

[6] 崔一平，彭埃天，宋晓兵，等.番石榴枯萎病病原菌的分离及分子生物学鉴定［J］.植物保护学报，2021,48(2): 467-468.

[7] 张湘梅.番石榴旱坡地起垄栽培技术研究［J］.江西农业学报，2015,27(7): 52-54+57.

[8] 刘纯，每乐，李鑫，等.番石榴果实药学研究概况［J］.安徽农业科学，2013,41(17): 7460-7462.

[9] 张朝坤，黄婉莉，陈洪彬，等.番石榴果实生长发育和营养品质变化规律分析［J］.热带作物学报，2021,42(4): 1035-1040.

[10] 李平，罗松.番石榴果实发育的初步研究［J］.福建果树，2002(3): 1-3.

[11] 郭婉秋，柯立祥.贮藏前热水处理对'珍珠拔'和'水晶拔'番石榴果实采收后生理、品质及贮藏寿命之影响［J］.台湾园艺，2006,52(3): 413-431.

[12] 张朝坤，康仕成，黄婉莉，等.'红香1号'番石榴特征特性及栽培技术［J］.东南园艺，2021,9(3): 45-48.

[13] 洪克前，谢江辉，张鲁斌，等.1-MCP对'珍珠'番石榴采后生理和品质的影响［J］.热带亚热带植物学报，2012,20(6): 566-570.

[14] 陈洪彬，王慧玲，蒋璇靓，等.1-MCP对采后'红心'番石榴果实软化的影响［J］.中国农学通报，2021,37(18): 51-56.

[15] 王阿桂.4个红肉番石榴品种在福建漳州引种试验初报［J］.中国南方果树，2017,46(3): 103-105.

［16］何江. 40份番石榴种质资源亲缘关系的形态学性状和SCoT研究［D］. 南宁：广西大学，2017.

［17］阮贤聪，罗金棠. 我国南亚热带地区番石榴产业发展现状和对策［J］. 中国园艺文摘，2010,26(9): 51-52+57.

［18］冷张玲. 倾力兴农在琼海——享有胡椒之乡、番石榴之乡与火龙果之乡美誉的琼海市发展纪实［J］. 中国果菜，2012(7): 57-58.

［19］李升锋，徐玉娟，廖森泰，等. 不同品种番石榴果实评价及糖酸组分和抗氧化能力的分析［J］. 食品科学，2009,30(1): 66-70.

第八章
番木瓜设施栽培

番木瓜（*Carica papaya* L.）为番木瓜科（Caricaceae）番木瓜属（*Carica*）多年生常绿小乔木果树，又称木瓜、乳瓜、万寿果等，为南方名果，素有"岭南佳果"的美称。番木瓜果实营养丰富、肉质甜美、香气浓郁，其特有的木瓜酵素能清心润肺，还可以帮助消化、治胃病，独有的木瓜碱具有抗肿瘤功效，对淋巴性白血病细胞具有强烈抗癌活性。它富含多种维生素，特别是维生素A和维生素C，维生素A含量比菠萝高20倍，维生素C含量是苹果的48倍。番木瓜富含17种以上氨基酸及糖类、蛋白质、粗纤维等多种营养成分，以及钙、铁、磷、钠、钾、镁等元素及β-胡萝卜素。也有专家根据水果内维生素、矿物质、纤维素以及热量的蕴藏进行综合评估，番木瓜名列世界十种水果综合营养之首，被称为"世界水果营养之王"。番木瓜营养丰富、药食兼用，受到多数消费者认可和喜爱。因此，番木瓜将是我国具备发展前景的热带水果之一，在北方农业产业结构调整中，大力发展温室番木瓜生产，具有很大的市场潜力，发展前景广阔。

番木瓜从移栽到结果只需6个月左右，它单杆直立，长年不断开花结果（图8-1），单果重0.5～1.5kg，最大可达3.0kg，当年平均每株可结果10～15kg，最高可产果40 kg以上，并且第一年获高产亩产达2500kg以上。番木瓜耐贮运，采收后可自然存放1～2个月，生果可当蔬菜上市，成熟果实可当水果食用。番木瓜的产果早、见效快是独有的优点，为目前北方果树设施栽培非常有发展前途的种植项目之一。

番木瓜是多年生常绿果树，茎秆直立少分枝，叶片自树干抽出，互生、肥大，形状为掌状，美观漂亮，果实坐果率高，植株挂果很多（图8-2）。北方人很少见到此木瓜树，在北方进行日光温室栽培或在连栋温室栽培，有亲临南方的感受，因此是北方观光农业中很好的观光树种。

图8-1 温室中栽培的番木瓜单杆直立

图8-2 番木瓜丰产状态

第一节 番木瓜生长结果习性

一、根系生长习性

番木瓜主要采用种子繁殖，由胚根发育形成的根系，主根粗大，侧根强壮。结果树的侧根可达3～4cm粗，具有固定和贮藏养分的功能。在主根和侧根上密生须根，根系主体分布较浅，主要集中在表土下10～30cm的土层。当气温达到17℃时，新根开始生长，土壤温度达到30℃时根系生长旺盛，表土温度超过40℃时对根系生长不利。由于根系为肉质根，根系的好气性强，需要土壤具有较多水分，还要求具有良好的通气性。

二、茎叶生长习性

番木瓜茎杆呈直立性生长，很少分枝，随着茎杆的增粗，成年的茎中空。茎杆只有表皮木质化，中间肉质空心，容易折断。在温室内栽培调查，刘慧纯等发现，当进入6月末以后，在7～8月份番木瓜茎的生长速度加快，当到了9月中旬以后，随着气温的下降，茎增高生长缓慢，在10月份以后几乎停止生长。茎的加粗生长也是在7～8月份，随着株高的增长，加粗生长也在加快，当增高生长缓慢以后，茎的加粗生长也减缓。

番木瓜侧芽具有抽枝能力，但顶芽持续生长时侧芽受到抑制而不抽生分枝。因此树干太高时，可切断茎杆，促发侧芽萌发形成新的茎杆。

番木瓜种子萌发抽生的子叶呈椭圆形，第一、第二片真叶呈三角形，从第四、第五片叶开始出现三出掌状深裂，第九、第十片叶出现5～7处掌状深裂，叶片宽大，蒸腾量大，需要充足而均衡的土壤水分供应，既不能干旱缺水，也不能水分过多产生涝害。叶互生，叶柄中空，大叶叶柄长达50～100cm。随着植株继续向上生长，新叶陆续发生，一般全年抽生新叶60片左右，肥水条件好时可以抽生90片叶。叶片抽出至成熟需要20～30天。叶片寿命通常只有4个月左右，每一个果实平均需要一片以上的叶片供给光合养分，所以要注意保护叶片。下部老叶逐渐黄枯，要及时清除，保持良好通风。

三、开花结果习性

番木瓜通常在22～26片叶出现花蕾，此时光合作用有了一定的营养积累，陆续进行花芽分化，当全年叶片可以持续生长时，花芽可不间断进行分化。在叶腋中形成聚伞花序，花型大，花瓣5裂分离。番木瓜的花性分为雌花、雄花、两性花三类，相应的植株也分为雄株、雌株、两性株（图8-3～图8-5）。雄株不结果。雌花的雄蕊完全退化，子房肥大发育形成的果实果肉薄，种子多，商品价值不高（图8-6）。两性花中也有趋向雌花和趋向雄花的两种类型的花，都不能形成主要的商品果，只有长圆形两性花发育的果实，肉厚，果腔小，能形成主要的商品果。经研究表明两性株的花芽性别分化趋向主要受到温度的影响，当温度处于26～32℃时，有利于商品果的生产，即长圆形两性花的形成。温度过低趋向雌性，温度过高则趋向雄性，均不利于商品果生产。

图8-3　番木瓜的雄花

图8-4　番木瓜的雌花及坐果

图8-5　番木瓜的雄株

图8-6　番木瓜开花状

四、果实发育特性

番木瓜的果实为浆果，呈梨形，或长椭圆形，表面光滑；嫩时为青黄色，成熟后为橙黄色，中空，有多枚种子，种子黄褐色或黑色。果皮薄，肉厚，果肉细腻柔软、多汁润滑。

在辽宁熊岳的温室中，春季定植后（5月中旬），约经过2个月的生长，开始出现花蕾，果实生长快慢取决于生长的季节，7月份开花坐果后，第二年1月份果实开始转色，转色后一个月，2月份开始逐渐成熟（图8-7）。其后高叶片节位的果实逐渐成熟

图8-7　番木瓜果实逐渐
成熟

可以持续成熟到5月份。更新修剪后，仍然可以继续生长结果，也可以提早在上一年的树行中间重新种植新的苗木。

李锋等在甘肃省玉门市的温室中，2月下旬定植，不同品种在8月下旬～9月上旬开始开花，第二年4月果实开始成熟。'台农2号'8月下旬开始开花，第二年4月上旬果实成熟，果实发育期214天；'红妃'8月中下旬开始开花，第二年4月初果实成熟，果实发育期216天；'日升'9月上旬开始开花，第二年4月中下旬果实成熟，果实发育期223天。

李恩举等、郁建强等根据番木瓜生长特性和温室栽培技术特点，开发了"隔年生一熟制"日光温室保护地栽培模式，即在头年秋冬季育苗，冬季温床越冬培育营养袋种苗，来年春季保护地栽培地大苗定植，有效利用春夏季节温室内的光热条件，使之提前开花结果成熟，秋冬季收获，完成整个生育周期。这种方式调整了番木瓜在北方日光温室的成熟期，两种果实发育期的管理模式增加了北方日光温室番木瓜栽培的多元性，延长了观光农业中番木瓜果实的采摘期。

编者在正常栽培情况下，将番木瓜移栽到温室外露地栽培（图8-8）发现，霜降时果实不能成熟，但如果秋冬季提早营养袋育苗，早春将带果大苗移栽到室外，应该可以得到成熟果实，最主要的是能够充分展示其观赏性。同时也可将美植袋进行限根栽培，在秋季降温前，提早搬进温室，让果实充分成熟。

图8-8
番木瓜在北方露地栽种

第二节 番木瓜生产概况与品种选择

一、生产概况

番木瓜原产于美洲热带地区，我国引种已有200多年，主要分布在广东、广西、福建、海南、云南和台湾等热带、亚热带地区。近20年来，在北方开展了日光温室栽培，在辽宁、山西、北京、天津、甘肃、河北、山东等多个北方地区得到种植。

二、品种选择

在温室栽培中，品种选择要求矮干品种或杂交种，要求瓜形美，糖分极高，耐贮运，抗病性强，丰产性好的品种。'穗中红48'是广州市果树科研所由多元杂交育成的，在广州栽培具有矮干、早熟、丰产、优质、花性较稳定等优点，营养生育期短，从第24~26叶期现蕾，雌性果椭圆形，单果重1.1~1.5kg，果肉橙黄，肉质嫩滑，硬度适中，味甜清香。刘慧纯等研究认为其适于在北方温室栽培，早熟性和丰产优质表现与南方一致，果肉颜色、硬度口感也较好，但在栽培中发现，单果重明显增大，最大单果重为3750g。

李锋等在甘肃省酒泉市玉门市的日光温室内，引进'台农2号''红妃'和'日升'三个番木瓜品种，表现为'红妃'矮化，叶片间距离为3.88cm，在干高64cm处开始开花，单果重1460g，可溶性固形物含量13.2%，果肉为红色，清甜、味浓，表现最佳。'台农2号'的叶片间距离为4.1cm，在干高78cm处开始开花，单果重1600g，可溶性固形物含量11.6%，果肉为橙红色，果味清香，表现优良。'日升'的叶片间距离为4.37cm，在干高96.5cm处开始开花，单果重600g，可溶性固形物含量14.8%，果肉为红色，果味清甜。

李恩举等在天津引入'马来西亚10号''红铃''红妃''台农2

号''夏威夷'和'红日'等品种，其中'马来西亚10号''红日'和'夏威夷'为小果型品种，单果重500～700g，其他品种果型大，'红铃'为株型较矮的品种。

第三节　番木瓜设施环境调控

一、设施选择

番木瓜可以生长高3m以上，随着植株生长，在主干上陆续结果，因此选用较高的温室可以增加产量，延长结果时间，同时空间相对较大的温室，也利于采光和环境的调控。由于番木瓜不耐低温，要求温室冬季保温性能越强越好，采用厚的后墙，以及后墙后面培土由上而下厚0.5～2m或更厚有利于保温。要求冬季最低温度达到8℃以上。

二、环境管理

1. 温度

番木瓜喜欢炎热气候，生长适宜温度为26～32℃，月平均气温在16℃以上，生长、结实、产量、品质才能正常。在10℃左右条件下，生长受抑制。5℃以下幼嫩器官发生冻害。番木瓜日光温室栽培，进入秋季后，随着气温下降，适宜覆盖薄膜保温的时间为9月中下旬，特别注意避免早霜的危害；而覆盖草帘的时间应在10月中旬，即当地夜间气温降至5～10℃前进行；第二年的6月中旬以后即可去除覆盖物，进行露地栽培。如果不去棚膜栽培，要防止温度过高，应尽可能处于35℃以下，可将前底角的膜卷到距离地面1.5m高，后墙打开通风窗，顶开窗也全部打开。

2. 光照

番木瓜属于喜光树种，要注意保持棚膜的净度，冬季日照时间短时，要进行人工补光，避免弱光时树干徒长和落花落果，及时清除老叶、枯叶、折叶，并避免栽植密度过大。

3. 水分

番木瓜生长需要充足的水分供应，干旱会造成落花落果、生长不良，因此要经常保持土壤湿润，但水分过多易造成土壤通气性变差，雨后积水半天会造成植株死亡，要严禁水涝。番木瓜生长的空气湿度不宜超过60%～70%，冬季温室内湿度过大要减少浇水、多通风。夏季温度能够长期保持35℃以下时，可以不去棚膜，湿度过低时要注重喷雾加湿。

4. 土壤

温室内土壤中性到微酸性为好，番木瓜最适宜pH值为6.0～6.5的偏酸性土壤。土壤肥沃，有机质含量高，有利于番木瓜的生长。南方果树引种到北方以后，北方碱性土壤比较多，比如，甘肃省河西走廊地区土壤pH值均在8.5左右。因此，番木瓜栽培引种到北方日光温室后，要注重土壤的改良，尤其是调整土壤pH值。

第四节　番木瓜花果管理

一、花期管理

番木瓜喜炎热气候，生长适温为26～32℃，但35℃以上又出现趋雄现象，因此为保证产量，应避免持续的高温。

番木瓜雌株和两性株自花授粉坐果率较高，一般情况不需要人工授粉，但由于营养生长过旺、光照不足或气温过低，影响授粉受精时，可以采用人工授粉提高坐果率。在早上将当天散粉花朵上的花粉收集于玻璃器皿上，然后用毛笔将花粉蘸在雌花或两性花的柱头上。每天上午对当天开放的花朵进行授粉。

及时抹除侧芽，节省营养和空间，便于花芽发育和开放。过多的花序应及时抹除，一般可以选择保留两性花，两性花不足再选择雌花。

二、疏果

坐果后，先摘除畸形果和病虫果，按空间位置选留果实。雌株坐果率较高，每一叶腋只留一个果，如果两性株间断结果明显时，可部分叶腋留果2个。当主柄上果实坐稳后，应将侧边的花果及时摘除，也应及时拔除雄株。早熟小果型的品种单株平均留果25～30个，大果型的品种单株留果15～25个。疏果宜在晴天进行。

三、采收

番木瓜果皮由绿色转为黄绿色，或者出现黄色条纹和斑块时，表明果实已经开始进入成熟期，可以逐渐采摘了。用乙烯利1500～2000倍液对即将进入成熟期果实涂抹可以催熟，但不可涂到果柄上，否则会引起落果。北方日光温室栽培主要为了采摘成熟度高、品质优的果品，因此要等到果实自然成熟，保证风味和口感，才能更多地吸引消费者，这也是与南方原产地远道而来的番木瓜相比最大的优势。采摘时用手托住果实向上掰或旋转，也可使用剪子把果柄剪下来。采摘后应及时套上网套，避免挤压。

第五节　番木瓜其他管理

一、栽植

定植时间应选择温室温度不再出现较低或容易有危害的低温后，以延长第一年的生长期。如果是新建温室，为降低棚膜成本和管理成本等，可以选择在棚膜正常撤掉后再行定植。

定植前要对土壤进行耕翻改良，并施入充足的有机肥，同时对土壤的pH值适当进行调整，创造地力肥厚、pH值适宜、透气性良好的土壤环境。

定植时通常采购营养钵苗，应尽量不要弄松营养土，做到不伤根，定植深度以不露根为准。以株行距2.0m×2.0m或1.5m×2.0m均可，定植沟宽1.5m、深0.8m。沟底铺0.3m厚的炉灰渣以利提高地温和排水，其上填表土及有机肥。基质用园土：炉灰渣＝4：1，并混以适量有机肥混拌。

定植后要覆盖地膜，浇足第一遍水，保持温度适宜，促进缓苗。

二、育苗技术

成熟的种子呈黄褐色或黑色，外种皮皱褶；果实采收后待后熟完成时再取种子，保障种子的成熟度。直接播种的番木瓜种子较难出苗，因此有必要进行催芽处理，以提高发芽率和出苗整齐度（图8-9）。播种前将种子用70%甲基硫菌灵500倍液或25%多菌灵可湿性粉剂400倍液浸种消毒半小时，洗净后用200mg/kg赤霉素溶液浸种12～15h（李恩举等介绍可用1%小苏打溶液浸种4～5h），清水冲洗后在保温箱中35℃催芽，每天用温水投洗一次，待中皮开裂露白后播种。选择富含有机质的疏松壤土或配制营养土，播种后，覆盖1cm厚的砂土。播种时期可选择在秋季（10月份）播种，这样出苗后温度相对较低，容易有"蹲苗"的效果，等待来年定植（图8-10）。

图8-9 番木瓜的种子

图8-10 番木瓜播种出苗

铺设电热温床的苗床，可控制温度在25～35℃，保持土壤湿润，当幼苗长出3～5片真叶时，适当控制水分，防止徒长及发生立枯病。长出5片真叶之后可以叶面喷肥，每周一次0.2%～0.3%的磷酸二氢钾和尿素，并注意水分适当减少，控制生长速度，使其"蹲苗"促进根系发育。

营养袋育苗，可选用直径10cm以上，高16cm以上的较大较深的营养钵，施入充足的充分腐熟的有机肥，将装好营养土的营养钵排列成畦，宽度不大于1m，便于操作管理。每个营养袋放一粒发芽后的种子即可。播种深度1.5cm左右即可，覆盖一层疏松砂土。防止上面土面结块，一般可采用底部渗入的方式灌水。

为了预防温室夜间温度过低，可在温室内加盖小拱棚，白天温度高时，要注意及时打开，晚上盖好防寒。当苗龄4～5个月后，苗高25cm以上，叶片13～15片，育成根系发达、苗木生长健壮时，就可以进行定植了。

三、施肥灌水

番木瓜在前期营养生长阶段，以氮、磷、钾比例为1：1.2：1为好，开花结果期应提高磷和钾的比例，以1：2：2为好。定植后10～15天新根发生，即可以开始施肥。在2个月内每7～15天追肥一次，以后每20～30天追肥一次，速效肥配用腐熟有机肥、发酵后的有机肥均可，少施勤施，随着植株越来越大，要逐渐增加每次施肥量。开花结果后，植株对磷、钾肥的需要有所增加，但也应注意在挂果前防止偏施氮肥。花蕾出现前，为促进花芽形成，可根外施肥，喷布0.3%磷酸二氢钾和0.2%硼酸。开花结果以后至成熟前，每月可追肥一次，每次每株施入腐熟的有机肥2～3kg，加硫酸钾0.15～0.2kg，尿素0.1～0.15kg，以促进果实发育。

缺硼地区还在花期喷施0.2%硼砂，或每株施硼砂或硼酸3g左右，以减少落花落果，防止番木瓜肿瘤病的发生。出现症状后补救，往往不能马上缓解症状，因此每年应在现蕾前作为一项必要技术实施。

番木瓜追肥适宜把肥料撒施在土表后进行中耕或开环状浅沟施肥，追肥后要结合灌水，促进吸收，提高肥料有效性。

番木瓜正常生长需要充足而均衡的土壤水分，但土壤积水和地下水位过高，会引起烂根。温室内空气流通较差，不宜采用大水漫灌，采用滴灌既可以达到省工、便捷的目的，又可以避免室内空气湿度高而引发病虫害的发生。

丙二醛能强烈地与细胞内各种成分发生反应，引起酶和膜脂的损伤，破坏膜结构和生理机能，其含量是反应细胞膜脂过氧化作用强度和质膜损伤程度的重要指标。李宽莹等研究，对北引至甘肃嘉峪关市的番木瓜，分别施入磷酸二氢钾、生物菌肥后，用酸性水（pH=5，采用草酸调解）灌溉，发现均有很好的效果，尤其是单株施入150～200g磷酸二氢钾后，灌溉30kg酸性水，有效改善了土壤高碱性胁迫的同时，还提升了土壤中铁离子的有效性，从而促进了叶片叶绿素的生成，增强了光合作用；降低了番木瓜根系中的丙二醛含量，从而更大程度上保障了细胞膜系统的稳定，促进了番木瓜的健康生长。

四、修剪

随着茎秆生长，萌发的侧芽需要随时抹除，但要分清花芽和叶芽，避免把花芽摘除。5月份番木瓜结果成熟后，可以进行番木瓜的更新修剪，在距地面50～80cm处锯断，用薄膜保护伤口，待侧芽萌发后，保留侧芽1～2个，培养成新的茎秆，形成新的一年的产量（图8-11～图8-13）。由于番木瓜中空的树干，截断后虽然可以进行更新生长，但相对来讲园子显得杂乱，因此可以每亩栽植新的苗木，重新定植新的苗木时，施足底肥

图8-11 截杆后重新发芽生长

图8-12 主干截伐更新
后第二次结果

图8-13
主干截伐更新后第三次结果

即可，不必每年都挖深定植穴或定植沟。

当株高距离棚膜比较近时，会影响光照的进入，因此要及时进行摘顶，控制树体高度，促进果实成熟。因此可依据株高距离棚膜小于50cm时打顶，以及依据单果重计算总产量达到要求时，及时打顶。

为了减少温室高度的限制，可以定植时将苗木向一个方向倾斜，在生长过程中不断进行拉干，从而降低结果位置，延长结果茎秆长度。

五、矮化处理

进入5月份以后，温度升高适于番木瓜迅速生长，在6、7月份生长达到高潮，营养生长和生殖生长并行，植株由于弱光和大水大肥容易出现徒长，影响开花坐果，这时可株施少量的多效唑，郁建强等认为可以每株施用0.25g多效唑兑水1000mL后灌根，以起到矮化效果，一个月后可重复施用一次。

六、病虫害等管理

番木瓜在苗期和定植初期，为害较重的病害是猝倒病、炭疽病、白粉病、灰霉病（图8-14）等，应以预防为主，定期喷杀菌药，如甲霜灵、硫菌灵、多菌灵等。定植后主要是花叶病、炭疽病、白粉病等病为害。炭疽病可用70%甲基硫菌灵可湿性粉剂800～1000倍液或50%多菌灵可湿性粉剂800倍液防治。白粉病可用25%三唑酮可湿性粉剂1500倍液防治。除了药剂防治外，还应加强栽培管理，避免番木瓜与瓜类蔬菜混种和连作，减少病菌的残留；应及时去除下部老叶，增强植株的抗病性。番木瓜虫害主要是红蜘蛛、蚜虫、介壳虫，可用15%哒螨灵乳油3000～4000倍液、阿维菌素乳油4000～6000倍液、吡虫啉3000～4000倍液、啶虫脒乳油1500～2000倍液等喷杀。防治番木瓜肿

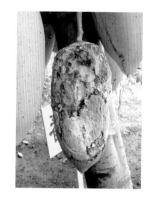

图8-14
番木瓜灰霉病

瘤病的根本方法是补充必要的硼肥，可以挖小穴，每穴施入硼砂2～5g或硼酸3g，可施1～2次，也可以根外喷施0.1%～0.2%硼酸溶液，每周喷1次，连续喷3～5次。

参考文献

[1] 李宽莹，张坤，王玮，等.戈壁日光温室内土壤改良对番木瓜生理变化的影响 [J].经济林研究，2021,39(4): 106-115.

[2] 李锋，马寿鹏，冯建森，等.酒泉市番木瓜引种及日光温室栽培技术要点 [J] 中国南方果树，2020,49(2): 141-143+147.

[3] 郁建强，郜晨，张扬，等.番木瓜日光温室栽培管理的关键技术 [J].果农之友，2014(5): 18-19.

[4] 郁建强，郜晨，张扬，等.日光温室栽培番木瓜设施、品种的选择及育苗技术 [J].果农之友，2014(2): 24.

[5] 李恩举，丁春立，丁奇，等.番木瓜北方日光温室栽培技术 [J].天津农林科技，2013(1): 8-10.

[6] 孟宪武，刘慧纯，李绍兵.番木瓜日光温室栽培技术 [J].辽宁农业职业技术学院学报，2008(3): 15-16.

第九章

西番莲设施栽培

　　西番莲（*Passiflora caerulea* Linnaeus）又名百香果、热情果、巴西果，是西番莲科（Passifloraceae）西番莲属（*Passiflora*）的多年生常绿草质至半木质藤本植物，共约有520个种，果实可供食用的有60多种，大都原产于热带南美洲，我国有19种，其中原产13种。西番莲在我国主要分布在台湾、广东、福建、广西、云南、浙江、四川等地。西番莲营养价值高，富含大量的总糖、蛋白质等，果实具有特殊香味（由165种芳香化合物构成），散发出香蕉、菠萝、柠檬等10多种水果的浓郁香味，其香味持久耐加工，是不可多得的天然浓缩型水果。果实可制作成果汁、果酒、果脯等产品，西番莲浓缩果汁和果汁饮料，在国际市场上呈供不应求之势。果皮除可加工成蜜饯、果酱外，还是提取果胶和加工饲料的好原料，种子含油量达到28.2%，可做食用油。西番莲全身都是宝，含有功能活性成分，主要有黄酮、黄酮苷、生物碱、生氰化合物和酚类物质，还含有单萜、三萜和皂苷等物质。根茎叶均具有药用价值，具有消炎止痛、活血强身、降脂降压等疗效。欧洲许多国家，西番莲作为民间常见用药，被广泛用在抗焦虑和镇定方面的药物开发中。西番莲花大、色雅、形奇，果美、色艳、味香，叶、花、果均有独特的观赏价值。

第一节　西番莲生长结果习性

一、根系生长习性

西番莲是浅根性植物，尤其是扦插苗，种植后水平根发达。2年生植株水平根分布达2m，垂直分布在5～40cm土层中，以在20cm土层中为主。喜湿，要经常保持湿润，但又好氧怕涝，不能有积水，因此要做好排水沟。

二、枝叶生长习性

枝蔓生长具有连续生长的特性，只要条件适宜，如温暖、水分充足时，一年四季都可连续生长。温室撤掉棚膜后的时期，西番莲枝蔓一直持续延伸生长，6月中下旬到7月上中旬日生长量增长迅速，平均日生长量达到5～10cm，最大日生长量达到25cm。紫果西番莲叶腋内着生卷须，叶片互生，薄革质，掌状3裂。叶柄近顶部有两个突出的腺体。

三、开花结果习性

西番莲从播种到开花结果需12～15个月，扦插一般12个月开花结果，植株寿命5～10年，经济结果期3～5年。西番莲属植物多数为二倍体，结果母枝为1年生枝条，结果蔓为春梢、夏梢和秋梢，花于叶腋内，为单生两性花（图9-1，图9-2），但雌蕊和雄蕊发育时间不一致，自花授粉结果率比较低。雌雄异株是物种防止自花授粉而种性衰退的进化机制，以此形成多样性和对环境的适应性。此外，紫果西番莲自交亲和，但黄果西番莲自交不亲和，需要昆虫媒介或人工授粉才能结果，人工授粉取异株或不同品种花粉即可授粉。花蕾产生的数量和位置与枝蔓长势有关，生产上常见连续形成4～8朵正常的花，然后再隔2～3节再形成连续正常发育的花朵，即形成成花枝段。一般在肉眼可见花蕾的20～25天后花朵发育完成即可开放。花两性，个大，直径约6cm，苞片3枚，萼片5枚，背顶有一角体；花瓣披针形，绿黄色，约与萼片等长；副花冠由许多丝状体组成，3轮，上半部白色，下半部紫色；雄蕊5枚，开花前花药已开裂；柱头3裂，顶端膨大，向外下翻转，呈时钟的指针状。通常每天上午8时左右开花，从一个萼片开始，渐次展开花瓣、副花冠、雄蕊，到雄蕊花药下翻，用时8min，花朵夜间关闭。自花结实。花芽分化属当年分化型，一边抽梢，一边分化。紫果西番莲在辽宁地区温室内的开花期为6～11月。

图9-1　西番莲盛开的花

图9-2　紫色花瓣的西番莲

四、果实发育特性

西番莲果实纵横径在坐果后15天内生长迅速，此后直至成熟果实生长缓慢。缓慢生长阶段主要完成种子和假种皮发育成熟过程。至于果实发育到成熟所需时间，受不同月份、不同天气状况、不同环境条件的影响而相差较大。观察结果表明，7月份所坐的果实，在各方面条件良好的情况下，果实发育成熟需50～55天，而8、9月份坐的果实，发育成熟所需时间需延长至65～75天。在辽宁熊岳温室栽培条件下，果实成熟多集中在8～10月份，以9月份居多，占全年成熟果实的50%～70%。西番莲坐果以后，果实在树上挂的时间长，由于结果多为5个左右连串成段，所以观赏性比较强（图9-3）。

图9-3
西番莲观赏棚架

第二节　西番莲生产概况与品种选择

一、生产概况

西番莲原产于南美洲，现广泛种植于热带和亚热带地区，巴西、厄瓜多尔、秘鲁、泰国、马来西亚和印度尼西亚等国家为主产区。王宇等报道，1901年我国台湾地区从日本引入了紫果西番莲。1956年，福建厦门从印尼引入了紫果西番莲。1988年引种到我国广西钦州等地区，如今不仅在南方广泛种植，而且在北方日光温室中也常见其身影。西番莲当年种植当年采收，可连续收获2～3年，投资少、收益快、适应性广，因此人们种植热情很高，邝瑞彬等报道，全国栽培面积从2011年不足700hm²，到2019年已经迅猛发展到30000hm²。

二、品种选择

中国有19个西番莲的种，作为果实食用的主要有6个种：紫果种（*P. lora edulis*）、黄果种（*P. edulis*）、樟叶西番莲（*P. laurifolia*）、大果西番莲（*P. quadrangularis*）、甜果西番莲（*P. ligularis*）和香蕉西番莲（*P. mollissima*）。余东等介绍，目前我国栽培品种主要有紫果西番莲和黄果西番莲及其杂交种3大类型品种。此外还有少量栽培的有：密柔毛西番莲（*P.millissima*）、舌苞西番莲（*P.liqularls*）、樟叶西番莲和菱茎西番莲（*P.quadrangularis*）。淡花西番莲（*P.incarnate*）主要用作砧木，嫁接高产品种，抵抗茎基腐病和根茎腐烂病。

紫果西番莲果皮是紫红色，枝蔓青绿色，适宜于夏季凉爽地方种植，不适于夏季高温天气的珠江三角洲或以南地区栽培。黄果西番莲适应性较强，果实较大，产量较高，品质优，出汁率较高，为主栽品种，但耐寒性较差。

董万鹏等在贵州平塘地区对越冬期间7个株系西番莲进行了抗寒性研究，其中'平塘1号'（紫果种，当地逸生经自然驯化人工选育而成）的低温半致死温度为−3.59℃，'紫香1号'为−2.51℃，'版纳9号'（杂交种）和'版纳10号'（黄果）相近，为−1.96℃和−1.95℃，'金沙1号'（紫果）为−1.83℃，'榕江1号'（紫果）为−1.82℃，'版纳4号'（黄果）为−1.02℃。他们还对不同部位进行了测定，芽梢、叶片、1年生枝蔓、2年生木质化枝蔓的低温半致死温度分别是：−1.16℃、−1.39℃、−2.83℃和−3.11℃。通过相对电导率、丙二醛和维生素C的测定认为低温胁迫主要发生在半致死温度下5～15h。这为北方日光温室内西番莲栽培提供了冬季温度管理的理论依据。

'台农1号'为杂交种，果实椭圆形，纵横径分别为6.8cm和6.1cm，平均单果重86g，果皮紫色，味香，可溶性固形物含量可达15.35%，亩产量2500kg，有自交亲和性，较丰产稳产。'黄金西番莲'较不耐寒，低于0℃会受冻甚至死亡，但比'紫果西番莲'更抗茎基腐病，因此也可以作抗病砧木利用，单果重88.5g，果实圆形，直径约5.95cm，果皮亮黄色，味浓。'紫香1号'是从'台农1号'中选育开发而成，可溶性固形物含量并不高（12.11%），但风味甜，口感风味佳，适于鲜食。'黄金西番莲'果实酸甜可口，可溶性固形物达到17.43%，口感风味佳，适于鲜食。

王小媚等在2022年果树学报上报道了选育的'金都百香3号'，为'台农一号'和'黄果西番莲'杂交育成，果实单果重98.56g，果皮粉紫红色到紫红色，果肉黄色至橙黄色，可溶性固形物含量17.6%，果汁率51.94%，果实饱满，鲜食品质优。自交亲和性好，年平均株产18.53kg，果实发育期80～130天。果实采后7～10天果皮不皱皮，贮藏期10～15天，冷藏30天。

第三节 西番莲设施环境调控

一、设施选择

在0℃左右时西番莲会有冻害发生，相对而言，较耐低温，因此对温室的保温性能要求不甚高，而且作为藤本植物，对温室高度要求也不苛刻。因此西番莲的适应性很强，只要冬季能够保持不低于0℃，就可以栽培西番莲。

二、环境管理

1. 温度

西番莲适宜生长在15～30℃的气候条件下，20～30℃最适宜，能经受轻微的寒冻，在不低于-1℃的气温下能正常生长。在热带、亚热带地区生长茂盛，没有明显的休眠期。但在冬季较寒冷地区，西番莲在南方露地栽培中表现为3个抗寒越冬时期，分为冷驯化初始期（11月中旬之前，气温刚开始下降，最低温度大于10℃，半致死温度不变或略有下降，又加上短日照诱导，抗寒性少许增强，此时期持续70天）、冷驯化终了期（11月中旬到第二年2月上旬，此时气温持续下降，有时日降幅较大，低温使半致死温度下降明显，抗寒性大幅提升，此期出现停长、落叶和结果枝枯死等现象）和越冬脱驯化期（2月下旬至4月，随着气温回升，抗寒性逐渐减弱，开始新一生长季节的发育）。因此西番莲的温室冬季管理要模拟自然生长，在冬季保温状态不佳的设施中栽培时，可以适当通过冷驯化提升抗寒性，以利于顺利度过冬季的严寒。最冷月夜间温室内低温应在5℃以上，生长期白天低温应在18～20℃，最高28～30℃，夜间根据天气及棚室条件，尽可能保温。

西番莲不耐夏季高温，因此在日光温室栽培中要注意春季管理中避免高温出现，应尽可能不超过30℃。

2. 光照

西番莲喜光，但生长迅速，枝条相互缠绕容易造成郁闭，光照不良时，开花坐果受影响，因而要注重合理修剪，理清枝蔓，才能保障产量和品质。

3. 水分

西番莲根系分布浅，既怕旱又怕涝，因此缓苗后要适时浇水，特别是在果实发育期遇干旱应注意浇水，防止出现小果和落果，影响品质。要保证坐果后及膨大期的水分充足。控制日光温室空气相对湿度，生长前期要求70%～80%，生长后期随棚架形成，新梢生长量加大，为防止病害滋生应控制湿度在60%～70%。

4. 土壤

西番莲的浅根性和好氧性，要求土壤疏松、湿润、通气、不积水。西番莲喜土壤肥沃，pH值大于6。

第四节　西番莲花果管理

一、花期管理

在辽宁熊岳温室栽培的西番莲，5月底植株进入花期，98%的植株集中在6月中下旬开始开花。7月份花量最大，占全年总花量40.2%，11月后，花量明显减少，仅占全年花量5%以下。挂果率高、低在各月分布较分散，从调查结果看，7～10月份挂果率较高，5月、6月基本不挂果，

11月、12月、1月份少量挂果。果量占全年果量份额以7月份果量最大，占全年果量48.8%。因此应通过农业措施提高7月份西番莲的开花量和坐果率，对提高年产量有着重要意义。王国东等调查发现一、二、三级蔓，随蔓级的不同，始花始果节位有所不同。一级蔓始花节位较分散，1～4节始花的占50.3%。二级蔓始花节位主要集中在6节以内，11节以上很少。三级蔓始花节位在7节以内，8节以上为0。因此，在温室栽培状态下，培育好一、二、三级蔓对生产很重要。

有些西番莲品种有自花结实特性，但人工授粉会提高坐果率，减少畸形果。

二、疏果

西番莲可不进行疏果，但秋冬季到来时，开花坐果不能成熟，可及时剪掉，节约营养。也可依据开花量和产量要求，酌情疏花疏果。

三、支撑

西番莲属蔓生性果树，搭架方式主要采用十字形棚架、"T"形棚架、"A"形棚架和篱架等。根据实践，在温室内采用水平棚架较合适。要求牢固耐用，棚架高度以1.8～2m为宜，用钢管、水泥柱或竹木，也可如蔬菜温室的架线一样，在后墙和棚架上拉线形成水平棚架。用8号铁丝、钢丝或直径2.5～4mm的塑钢线横竖拉成大小为50cm×70cm的网格，以利于农事操作。

由于棚架栽培各枝条间相互缠绕，枝叶互相遮挡，其生长面积和采光效率较低，通风透光差，容易发生病害。因此，赖瑞云等研究开发了柱状栽培的新技术，采用无纺布美植袋或控根器围制成种植器，就形成了高台栽培，避免了水涝而发生茎基腐病。采用铁丝铸塑或喷塑的网格围栏围成高1.2～1.8m的圆柱状，立于容器中，让西番莲攀附，大大增强了果园光照强度。定植4个月后柱状栽培模式首批开花枝数平均每株35枝，结果

30个。柱状栽培株间独立，互不交叉，容易管理（图9-4，图9-5），枝蔓的引导和人工授粉较为方便，适于精细栽培，实现优质高效的目的，北方日光温室也可以采用。

图9-4　西番莲柱状单株栽培方法

图9-5　西番莲柱状单株栽培架网形态

四、采收

果实转色均匀后，即可采收，也可等待完全成熟后，轻摇栽培架，使其自然脱落，此时风味更佳。西番莲采后容易失水变质，室温条件下7～10天果皮就失水皱缩，易受病菌侵染而腐烂。一般6.5℃、湿度85%～90%可贮藏4～5周。

第五节　西番莲其他管理

一、栽植

采用大垄双行带状台式栽植形式（图9-6）。规格为1.5m×1.5m×5m，两大行之间位置顶部用铁线搭成牢固的棚架，随植株生长逐渐引缚在棚架

图9-6
温室里大垄双行定植的
西番莲

上，渐渐布满架面，形成立体结果形式。定植前挖好定植穴，穴长宽深各40～50cm为宜，每个定植穴内加入充分腐熟的农家肥1kg与土拌匀。温室栽培可于12月至翌年3月定植。定植时先在穴中央挖一小洞，将主根伸展垂直于小穴中，然后回填肥土压实，浇足定根水，使之与土壤紧密结合，隔天浇水一次，连续2～3次。一般成活率可达95%以上。台式栽培可有效控制茎基腐烂病发生。

当前随着观光园区的迅猛发展，西番莲的观赏性更好地得以体现。但就其抗寒性而言，北方露地栽培不能越冬，因此，可结合温室育苗，早播种（11月），育大苗，带土坨移入露地（4月），从而实现观花、观果的目的。容器栽培，可选用直径60cm、高50cm的无纺布美植袋，按2m×2.5m放置。种植土可采用田园土加入1/3的腐熟有机肥及0.5%的钙镁磷肥。

二、育苗技术

西番莲可以扦插繁殖、播种繁殖和嫁接繁殖。

① 扦插繁殖。扦插苗能够保持品种的特性，但根系不发达，抗病性较差，容易受病菌、病毒感染。选取生长健壮、长势基本一致的当年生新枝半木质化的硬枝茎段，剪成长25～30cm，下部叶片去掉，留上部1片叶，上剪口平剪，下剪口为斜剪。扦插基质用细沙、蛭石、田园土配成，三者比例为1：1：1。采用半地下式插床，即在地下挖宽1m、深0.4m

的土池，土池长度依扦插量而定。将基质混合好，均匀铺在插床上，厚度30cm。扦插前，基质用50%多菌灵可湿性粉剂1000倍液消毒，使基质含水量60%～70%，扦插深度8cm左右，株距15cm，行距25cm。扦插后搭塑料拱棚保湿，使棚内空气湿度保持90%以上，并用遮阳网遮阴，透光率在25%左右，温度控制在25～27℃，并注意观察污染情况。每隔10天喷1次50%多菌灵可湿性粉剂1000倍液消毒，扦插后注意通风换气。扦插前插条基部用200mg/L浓度的吲哚丁酸（IBA）或ABT生根粉处理，浸泡2min。可使插条成活率从20%提升到50%左右。

② 播种繁殖。种子苗根系发达，不携带病毒，但变异大，生长周期长，果实大小不均匀，产量较低，品质不一致等，因此常常作为砧木使用。西番莲种子（图9-7）的适宜萌发温度为30～35℃。常温下浸种3天再进行播种，可以提高发芽的整齐度。浸种处理的种子达到同样的发芽率所用时间比其他方法少用3～6天，所以浸种可以提高种子发芽的整齐度。

图9-7
西番莲的种子

③ 嫁接繁殖。嫁接苗既拥有种子苗的发达根系和较强的抗病特性，同时也能保持品种的特性，因此应用越来越多。嫁接方法可以选用枝接，如劈接、舌接等。

三、施肥灌水

定植成活后（一般15天）进行首次施肥，以后根据生长情况酌情而定，追肥应先淡后浓。首次追肥常采用适量人粪尿或猪粪水浇苗（勿烧苗），以后可加1%尿素。植株上架后应按氮、磷、钾为2：1：4进行施肥，切忌氮肥施用过多。一般可分新梢生长前肥、开花着果期肥、果实发育期肥和采果后追肥。前3次追肥以人粪尿为主，加复合肥和氯化钾，采果后追肥应以有机肥为主加过磷酸钙。施肥方法，在离植株基部30～40cm处挖环沟，将所选的有机肥或复合肥与表土混合均匀施入并覆土，以免伤根。每次施肥后立即浇水。还可在果实发育期用0.4%尿素加0.2%氯化钾进行根外追肥，间隔15天，提高果实品质。为了保持土壤湿润，可在根部覆盖稻壳、锯末、椰糠等。除结合施肥灌水外，还应在幼苗生长期、开花期、果实发育期及修剪后进行灌水。

四、修剪

王国东等提出"一主二侧三级蔓结果"的水平棚架管理整枝方式。即：一株留一主蔓，当主蔓达铁丝后使其分出两个侧蔓反向生长，在两个侧蔓上每隔3～4节留一个三级蔓作为结果蔓。在推广应用时，一、二、三级蔓中，一级和二级蔓比较容易管理，三级蔓的管理相对困难，往往相互缠绕，不易区分和摆布，因此要及时抹除主蔓和侧蔓上的腋芽，切不可任其生长。采果后进行短截，从基部以上留3～5节直接剪除，以后重新培养主蔓和侧蔓，进行下一生长循环。另外，整个生长期间都要随时摘除叶腋间发出的卷须，以减少养分消耗，也有利于架面分布整齐。

赖瑞云等采用立柱式栽培，单株间互不缠绕，因此解决了枝蔓不易摆布的问题。具体做法是，主蔓沿柱状架圈环绕一圈后向上引至柱状架顶部后下垂生长，留7～8条侧蔓直立向上生长，其余侧芽全部去除，待侧蔓生长到柱体顶部后下垂生长，形成布满整个柱状网架的栽培体，提高了生长面积和光能利用率。柱状栽培，在每次结果过后，把结过果的下垂枝蔓剪掉，留下顶端新长出的枝梢，一般留50条顶端枝往下生长，开花结果。赖瑞云等在福建栽培，于2月下旬至3月上旬修剪，开花期为4～6月，果实于7～8月成熟，8月下旬修剪后，开花期在9～11月，果实成熟期为12月至第二年2月。如此一年需修剪两次。

钟红华在福建武平县开展的"一年一种"露地栽培模式中，采用主蔓上平棚架后，弯曲或打顶。促发一级蔓，形成"十"字形，一级蔓上发生并选留的二级蔓，采用鱼骨状方式进行整枝，并在长度达到

1.2～1.3m时打顶。在二级蔓上发出的三级蔓，下拉于棚面下，以抑制枝蔓的顶端优势。并在9月下旬开始及时疏除郁闭枝、落花落果枝、采完果实的枝条。结果枝在距离最先端的一个果实10～15cm处短截，促进果实生长。

五、病虫害等管理

① 花叶病。受害叶片呈花叶状，带浅黄色斑，叶片皱缩，果缩小、畸形，果皮变厚变硬，果肉少或无，蚜虫为害可传播。防治方法可以选用无病毒苗木；消灭传染媒介蚜虫，清除病叶、病株；加强栽培管理，提高植株抵抗力等。

② 疫病。小苗受害后，初期在茎、叶上出现水渍状病斑，病斑迅速扩大，导致叶片脱落或整株死亡。病株主蔓受害后形成环绕枝蔓的褐色坏死圈或条状大斑，最后整株枯死，在高温潮湿条件下容易发病。可喷施30%氧氯化铜300倍液，每10天左右一次。

③ 茎基腐病。又称颈腐病，真菌病害，为茄镰刀菌，病菌以菌丝体在田间病株、病体残物或土壤中存活和越冬，可借助风雨和灌溉水传播。主茎基部软腐，植株慢性死亡。病部初期为水渍状，后发褐，逐渐向上扩展，可达30～50cm，其上茎叶多褐色枯死。病茎基潮湿时可生白霉状病原菌，茎秆死后有时产生橙色的小粒。常与基部受伤有关。防治上注意加强植穴排水，避免茎基部机械损伤，有伤口时及时涂抹或淋灌500倍70%甲基硫菌灵可湿性粉剂或50%多菌灵可湿性粉剂。发现病株，及时处理，连根挖出，火烧销毁，病株穴撒施石灰进行土壤消毒。

常见的害虫主要有蚜虫、蓟马等，为害嫩梢，介壳虫为害枝条（图9-8），成为病毒病的传染媒介。红蜘蛛为害叶片。柑橘小实蝇、瓜实蝇为害果实。及时捕捉或喷布杀虫

图9-8
西番莲枝上的介壳虫

剂、杀螨剂，如吡虫啉、高效氯氰菊酯、阿维菌素、炔螨特等。使用黄板可以诱杀蚜虫和果实蝇，而蓟马防治中使用绿板效果较好。可以使用物理防治和化学防治相结合的方法。

参考文献

[1] 陈媚，刘迪发，徐丽，等.西番莲研究进展[J].中国南方果树，2020,49(6): 182-190.

[2] 邝瑞彬，杨护，孔凡利，等.广东省百香果产业现状与发展对策[J].广东农业科学，2019,46(9): 165-172.

[3] 董万鹏，龙秀琴，代丽华，等.越冬期间西番莲低温半致死温度及越冬表现研究[J].核农学报，2016,30(8): 1656-1663.

[4] 王宇，袁启凤，陈楠，等.贵州低热河谷地区西番莲的优质高效栽培技术[J].农技服务，2018,35(3): 60-63.

[5] 潘葳，刘文静，韦航，等.不同品种百香果果汁营养与香气成分的比较[J].食品科学，2019,40(22): 277-286.

[6] 余东，熊丙全，袁军，等.西番莲种质资源概况及其应用研究现状[J].中国南方果树，2005(1): 36-37.

[7] 赖瑞云，林建忠，张雪芹，等.西番莲柱状栽培新技术[J].中国南方果树，2020,49(6): 153-156.

[8] 钟红华.武平县黄果西番莲"一年一种"露地栽培技术[J].园艺与种苗，2021(9): 36-37.

[9] 张建梅，刘娟，高鹏，等.西番莲的利用价值及市场前景的探讨[J].河北果树，2019(2): 41-43.

[10] 王国东，张力飞，蒋锦标.紫果西番莲温室引种栽培试验初报[J].北方果树，2005(5): 55-56.

[11] 王小媚，蔡昭艳，王金都，等.优良鲜食西番莲新品种金都百香3号的选育[J].果树学报，2022,39(8): 1524-1527.